AF502092

MATÉRIAUX POUR L'HISTOIRE DES CHAMPIGNONS. Vol. I.

LES HYMÉNOMYCÈTES D'EUROPE.

ANATOMIE GÉNÉRALE

ET

CLASSIFICATION DES CHAMPIGNONS SUPÉRIEURS

PAR

N. PATOUILLARD

LAURÉAT DE L'INSTITUT DE FRANCE

PARIS

LIBRAIRIE PAUL KLINCKSIECK

15, RUE DE SÈVRES, 15

1887

OUVRAGE DU MÊME AUTEUR :

TABULÆ ANALYTICÆ FUNGORUM

Volume I.

Texte, index et 160 planches coloriées. gr. in-8°.

Prix : 100 fr.

L'ouvrage formera 2 volumes avec 320 planches coloriées.

LES HYMÉNOMYCÈTES D'EUROPE.

ANATOMIE GÉNÉRALE

ET

CLASSIFICATION DES CHAMPIGNONS SUPÉRIEURS.

LES HYMÉNOMYCÈTES D'EUROPE.

ANATOMIE GÉNÉRALE

ET

CLASSIFICATION DES CHAMPIGNONS SUPÉRIEURS

PAR

N. PATOUILLARD

LAURÉAT DE L'INSTITUT DE FRANCE

PARIS
LIBRAIRIE PAUL KLINCKSIECK
15, RUE DE SÈVRES, 15

1887

Strasbourg, imprimerie de J. H. Ed. Heitz (Heitz & Mündel).

AVANT-PROPOS.

L'étude de la *Mycologie* comprend deux périodes bien distinctes.

Dans la première, qui embrasse tous les anciens auteurs, on s'est occupé de l'étude des espèces et de leur groupement en ne tenant compte que des caractères tirés de la forme extérieure, de la consistance, de la couleur, etc.

Dans la deuxième période on a ajouté aux données précédentes les résultats de l'introduction du microscope dans nos moyens d'investigation.

Nous ne nous arrêterons pas à énumérer les longues et patientes recherches qui, depuis la découverte de l'*hymenium*, par Leveillé, et du *polymorphisme*, par Tulasne, ont amené la connaissance des champignons au point où elle est aujourd'hui.

Tout le monde connaît les merveilleux résultats. auxquels est arrivé M. Saccardo, pour la classification des Pyrénomycètes, en unissant les caractères de végétation à ceux de la fructification : depuis l'apparition du *Sylloge*, l'étude des innombrables sphériacées est devenue facile et attrayante, grâce à la méthode que l'auteur a mis entre les mains des Mycologues.

La classe des DISCOMYCÈTES, qui comprend un nombre d'espèces presque aussi considérable que celles des champignons à noyaux, a été également l'objet de recherches anatomiques longtemps soutenues, qui ont permis à leur auteur, notre savant et sympathique confrère, M. Boudier, de les distribuer en genres naturels, dont les caractères sont tirés principalement des organes de la reproduction, qui seuls dans les champignons ont la fixité nécessaire à l'établissement de coupes génériques bien délimitées.

Dans le présent ouvrage nous avons essayé de faire, pour la classe des HYMÉNOMYCÈTES, un travail de synthèse analogue à celui que MM. Saccardo et Boudier ont fait pour les Sphéries et les Pezizes. Nous avons mis à contribution les recherches déjà anciennes de Corda, Hoffmann, Payer, Tulasne, Crouan, etc. et celles plus récentes de MM. de Seynes, Cornu, Boudier, Quelet, etc., en y ajoutant de nombreuses observations personnelles qui sont consignées pour la plus grande partie dans notre ouvrage intitulé : « *Tabulæ analyticæ fungorum.* »

Pour la dénomination de nos genres, nous avons cherché autant que possible à éviter de créer des noms nouveaux, afin de ne pas compliquer inutilement le langage. Nous avons utilisé beaucoup de termes déjà mis en usage par les auteurs ; mais comme il arrive quelquefois que ces expressions, appliquées à nos groupes, ne délimitent plus exactement les mêmes espèces que celles primitivement fixées par leurs auteurs, nous mettrons *entre parenthèses*, à la suite du terme choisi, le nom du créateur de ce terme, toutes les fois que celui de nos genres, auquel il s'applique, n'aura pas les mêmes limites que le genre qui portait le même nom à l'origine. Ainsi, par exemple, la désignation de *Craterellus* (Fr.) signifie que le créateur du genre *Craterellus* est *Fries*, mais que notre groupe homonyme n'est pas absolument le même que le genre Friesien. Au contraire, si nous écrivons *Tremellodon* Pers. il faut comprendre que, pour nous comme pour Persoon, le genre *Tremellodon* a les mêmes limites.

Cet ouvrage est divisé en deux parties : dans la première nous passons en revue les caractères anatomiques des Hyménomycètes et dans la deuxième nous nous occupons de leur distribution en familles et en genres.

Pour faciliter l'intelligence du texte, nous avons dessiné d'après nature, à des grossissements variables, un très grand nombre de détails anatomiques, que nous avons groupés en quatre planches placées à la fin de l'ouvrage.

Il est certain que notre travail présente encore de nombreuses imperfections, mais nous serons suffisamment récompensés de nos efforts, si ces quelques pages peuvent donner à un mycologue plus expérimenté l'idée de faire mieux.

CLASSIFICATION GÉNÉRALE DES CHAMPIGNONS ET DÉLIMITATION DES HYMÉNOMYCÈTES.

La classe des Champignons comprend des Cryptogames cellulaires privés de Chlorophylle et dans lesquels la reproduction a lieu au moyen d'organes spéciaux qui sont les *spores*.

On les divise habituellement en deux sous-classes, établies sur la présence ou l'absence d'une membrane cellulosique autour du protoplasma.

Les Champignons à protoplasma nu ou *Plasmodiophores* ne comprennent qu'un seul ordre, celui des *Myxomycètes*.

Les *Chitomycètes* ou Champignons à protoplasma renfermé dans des cellules, sont divisés en quatre ordres établis d'après l'origine ou la localisation des spores.

Voici un tableau résumant cette disposition :

A. PLASMODIOPHORES.

I. Myxomycètes. Mycelium muqueux.

B. CHITOMYCÈTES.

II. Hypodermés. Champignons entophytes.
III. Basidiomycètes. » à spores sur des *basides*.
IV. Ascomycètes. » » dans des *Asques*.
V. Phycomycètes. » algues.

Le groupe dont nous allons nous occuper dans la suite de ces notes appartient au 3e ordre, celui des *Basidiomycètes*.

Chez eux, certaines cellules se spécialisent et se terminent par un nombre variable de pointes supportant chacune une spore.

Ces cellules sporifères ou *basides* sont d'ordinaire accolées en une membrane qui est l'*hymenium*.

La place occupée par cet hymenium dans le champignon sert de base à la division des basidiomycètes.

Tantôt les basides tapissent l'*intérieur* de cavités contenues dans le réceptacle et soustraites à l'action immédiate de l'air ambiant; tantôt, au contraire, l'hymenium s'étend sur des points spéciaux *extérieurs* du réceptacle.

Dans le premier cas on a les GASTÉROMYCÈTES et dans le second les HYMÉNOMYCÈTES.

Ainsi donc nous définirons les HYMÉNOMYCÈTES : des *Champignons à basides* accolées en une membrane (*hymenium*) placée *à l'extérieur* du réceptacle.

En se basant sur la forme des points sur lesquels s'étend l'hymenium et sur la nature charnue, ligneuse ou gélatineuse du champignon, Fries a établi les six familles suivantes dans les Hyménomycètes :

A. Champignons charnus, coriaces ou ligneux.

Hymenium sur des lames	I.	*Agaricinés.*
» » des tubes ou pores	II.	*Polyporés.*
» » pointes ou crêtes	III.	*Hydnés.*
» » une surface unie		
a) Infère . . .	IV.	*Téléphorés.*
b) Amphigène	V.	*Clavariés.*

B. Champignons gélatineux se gonflant par l'humidité.

Hymenium diversement disposé .	VI.	*Trémellinés.*

En ne tenant compte que de ces seuls caractères, on obtient une classification qui, au premier abord, semble extrêmement simple, mais nous ne tarderons pas à voir que plusieurs familles Friesiennes renferment des groupes de formes incompatibles entre elles, que les notions anatomiques nous permettront facilement d'isoler et de caractériser.

PREMIÈRE PARTIE.

ANATOMIE GÉNÉRALE.

Chapitre I.

DE LA CELLULE FONGIQUE EN GÉNÉRAL.

Quelle que soit la fonction que doive remplir une partie quelconque d'un champignon, son élément constitutif est toujours le même : la *cellule.*

A cet organe sont dévolues les fonctions de végétation et les fonctions de reproduction, son rôle est par conséquent des plus étendu. Nous étudierons d'abord la cellule en tant qu'organe d'accroissement, puis nous l'examinerons à l'état d'élément reproducteur ou *spore.*

Forme de la cellule. — La forme de la cellule chez les Hyménomycètes est extrêmement variable d'une espèce à l'autre et même dans la même espèce. Nous distinguerons les principales formes suivantes :

Elle est *cylindrique* et très longue dans beaucoup de myceliums et de stipes, dans le voile des Cortinaires, etc.

Elle est à peu près *sphérique* dans les lames des Lactaires, des Russules, à la surface du chapeau de quelques Coprins, etc. Dans la volve de quelques Amanites (*A. muscaria*) on observe de grosses cellules globuleuses portées sur un appendice grêle, cylindrique, droit ou courbé. Dans quelques stipes charnus, la cellule a la forme d'une *gourde* allongée en un long col.

Dans beaucoup de poils (chapeau de certaines Russules) la cellule s'élève en se renflant peu à peu de façon à prendre la forme d'une *massue ;* souvent le sommet de cette massue porte un petit *appendice* creux et grêle qui communique avec la cavité de la cellule. Enfin il arrive que cet appendice lui-même se termine par un petit *bouton globuleux.*

Dans le chapeau du *Laccaria laccata*, dans les *Nyctalis*, on rencontre des cellules longues et grêles, contournées sur elles-mêmes à la façon d'un *tire-bouchon.*

Fréquemment ces cellules de formes bizarres continuent ou terminent des files de cellules régulièrement cylindriques, ou bien forment elles-mêmes des files de cellules renflées, contournées, qui se rejoignent à d'autres de formes dissemblables.

C'est ainsi que dans le *Boletus scaber* on voit le stipe formé dans toute sa longueur de cellules cylindriques ; vers la partie supérieure quelques unes d'entre elles s'anastomosent avec des cellules contournées, pliées de diverses manières, puis redressées et qui se terminent hors du stipe par des cellules ovoïdes renflées vers la base et très allongées à l'autre extrémité. Ces cellules renflées, réunies en bouquets, forment des aspérités rudes au toucher, qui ont fait donner à la plante son nom spécifique.

La paroi. — Les cellules des Hyménomycètes ne sont que très rarement pourvues des ponctuations qui sont si fréquentes dans les plantes plus élevées en organisation. Nous avons observé dans le stipe du *Marasmius calopus* [1] quelques cellules situées près de

[1] N. Patouillard. Tabulae analyticae fungorum n° 125.

la périphérie, qui portaient des ponctuations curieuses. elles consistaient en des épaississements ponctiformes faisant saillie dans la cavité des cellules et rappelant ce qu'on voit dans les rhizoïdes du *Marchantia polymorpha*. Ces cas d'épaississement par ponctuations sont très rares et on peut dire, en général, que dans tous les Hyménomycètes, l'épaississement porte à la fois sur toute l'étendue de la paroi.

Dans quelques Mycènes les cellules du stipe présentent des ponctuations analogues aux précédentes, avec cette différence que les épaississements au lieu de faire saillie dans l'intérieur de la cellule, sont en dehors et la paroi interne est lisse.

De même à la surface de beaucoup de spores, il y a des épaississements externes donnant à ces organes un aspect verruqueux (*Laccaria laccata*, *Inocybe asterospora*, etc.).

Dans les espèces délicates, la paroi de la cellule est très mince eu égard à la cavité intérieure; dans les espèces ligneuses, subéreuses ou coriaces, dans les Polypores perennants, les parois s'épaississent et réduisent la cavité intérieure à un véritable tube capillaire; la cavité peut même disparaître complétement et la cellule forme alors une cordelette solide.

Il arrive quelquefois que la même cellule est pleine et grêle sur une partie de sa longueur, puis subitement s'élargit en une lame applatie à parois minces et quelquefois aussi dans cette partie large, on voit des bandes de cellulose réunir les deux côtés opposés de la cellule, formant des épaississements qui à la régularité près, représentent les réticulations des cellules rayées.

Des cellules épaisses peuvent se présenter dans des espèces où la masse générale est à cellules minces. Les cystides de quelques *Corticiums*, de plusieurs *Inocybe*, *Polyporés* (*ferruginosus*, *fusco-purpureus*), etc., ont des parois très épaisses au milieu des éléments délicats de l'hymenium.

La croûte qui forme un vernis luisant à la surface de *Ganoderma lucidum* est constituée par des cellules ovoïdes, très épaisses et colorées, à cavité vide de matières solides et fortement accolées les unes aux autres. Ces cellules sont la terminaison de filaments très grêles, à cavité capillaire.

La croûte du *Placodes pinicola* est constituée par une zône de longues cellules cylindriques, fortement incrustées. Leurs bords sont ondulés, plissés et s'engrènent solidement dans les cellules voisines.

M. de Seynes indique, dans le *Lepiota cœpestipes* très jeune, de grosses cellules irrégulières et épaisses, qui ne se rencontrent plus dans les individus adultes. La paroi de ces cellules joue le rôle d'un réservoir alimentaire comparable à celui de l'albumen des phanérogames : en effet, on les voit diminuer d'épaisseur au fur et à mesure du développement de la plante.

De même, si on met dans un vase un jeune Agaric, l'*Amanita spissa*, par exemple, de façon à ce que l'extrémité inférieure du stipe plonge dans de l'eau, le Champignon s'accroît et finit par ouvrir son chapeau ; mais en même temps que l'allongement a lieu, le stipe devient de plus en plus grêle et amaigri par suite de la déperdition de substance employée à l'accroissement de la plante.

Accroissement. — Le développement des cellules fongiques a lieu principalement dans le sens de la longueur ; le protoplasma se porte vers l'une des extrémités qui s'allonge jusqu'à ce qu'elle arrive à se terminer par une partie fructifère. De distance en distance, il se produit des cloisons qui sont toutes parallèles et transversales par rapport à la direction des cellules. La multiplication cellulaire par cloisonnement dans tous les sens n'ayant pas lieu, il en résulte que le tissu d'un champignon est formé de filaments composés de files de cellules superposées : ces filaments caractéristiques portent le nom d'*hyphes*. Les hyphes peuvent être rameuses par suite de productions latérales de filaments nés par bourgeonnement ; elles deviennent également rameuses par anastomose avec les hyphes voisines.

Une propriété caractéristique des hyphes fongiques est de pouvoir s'anastomoser facilement avec les tissus analogues avec lesquels elles sont en contact ; il suit de là que les *soudures* sont fréquentes entre les individus naissant côte à côte ; le phénomène peut aller plus loin : si on pratique une section dans le tissu du *Placodes betulinus*, par exemple, et qu'on rapproche les parties coupées, les hyphes ne tardent pas à se souder de nouveau et la plante continue à vivre après avoir réuni intimement les deux parties accidentellement séparées.

Quoiqu'il en soit, on voit que dans les champignons il ne peut y avoir de tissu comparable à celui des végétaux supérieurs, mais seulement un *pseudo-parenchyme* produit par l'intrication et la soudure des filaments cellulaires.

Boucles. — Ce mode d'accroissement par bourgeonnement donne naissance à une curieuse variété de cellules : nous voulons parler des cellules dites en *boucles*. Généralement au niveau et au-dessous d'une cloison, il se produit un petit bourrelet plus ou moins long, qui est le premier indice d'une prolifération survenue après-coup ; fréquemment les choses en restent là ; mais il arrive que ce bourrelet se développe et vient s'appliquer contre la cellule supérieure. Au point de contact des deux parois, il se produit une resorption de la substance et les deux cavités communiquent librement entre elles.

Ailleurs, le bourrelet allongé ne s'applique pas immédiatement contre la cellule suivante, il est libre sur une partie de sa longueur, puis s'incurve, et en vertu de la plasticité de la paroi, se fusionne avec la cellule plus élevée, formant ainsi une *boucle*. Quelquefois il existe une boucle des deux côtés opposés de la même cellule.

Une manière d'être toute particulière des boucles est celle que nous avons observée dans les glandules du *Pleurotus ostreatus* et aussi sur les poils de certains *Rhyparobius* (Ascomycètes). Sur une cellule d'un diamètre assez grand et *sans cloison*, on voyait un grand nombre de bosselures qui nous semblent produites par de courtes ramifications latérales qui se sont appliquées contre les parois de la cellule-mère et dont les parties en contact avec cette dernière ont été résorbées. En effet, nous avons pu voir que sur certaines de ces boucles, les deux parties de la cellule communiquaient, non plus par toute la longueur de la boursouflure, mais par deux ouvertures seulement : l'une à la base de la boucle, l'autre à son sommet.

Dans les boucles ordinaires, il peut arriver que le prolongement soit partagé par des cloisons plus ou moins nombreuses.

On a voulu considérer les boucles comme la terminaison de la cellule dont elles émanent, cellule dont l'activité viendrait mourir dans ce court filament. Nous pensons qu'il est plus logique de considérer les boucles comme de simples ramifications latérales avortées. En effet, dans les stipes de certaines Amanites, les hyphes sont formées de files de cellules vésiculeuses allongées. De temps à autre, une de ces cellules émet une boucle qui ne se soude pas avec la cellule supérieure, mais s'allonge sous forme d'un filament grêle, cloisonné, et se terminant par un renflement analogue à celui de la cellule inférieure ; ce renflement devient également le point de départ d'une hyphe semblable à celui dont il provient, et peut donner lui-même des productions latérales qui ne sont en réalité que des boucles normalement développées.

Gélification. — Certaines cellules fongiques peuvent se gonfler par l'action de l'eau, autrement dit *gélifier* leur paroi.

Un bon nombre d'espèces d'Hyménomycètes ont la surface du chapeau plus ou moins visqueuse. Ce phénomène est dû à ce que les cellules épidermiques absorbent l'humidité et se gonflent au point de se déformer complètement. Dans le *Volvaria gloiocephala*, on ne distingue au microscope, au milieu de la glaire qui recouvre le chapeau, que des stries sombres, indiquant la cavité primitive des cellules gélifiées.

Ailleurs, le phénomène est poussé moins loin, ainsi la viscosité de la pellicule de *Russula aurata* est due à des poils très courts, bien distincts et réguliers qui se gonflent sous l'action de l'eau, mais sans former une masse glaireuse.

La gélification des éléments devient caractéristique de quelques genres, tels que *Calocera*, *Guepinia*, *Auricularia*, *Tremellodon*, etc. chez lesquels les hyphes sont minces, cornées lorsqu'elles sont sèches, et deviennent volumineuses, brillantes, sous l'action de l'eau.

Il ne faut pas confondre la liquéfaction du chapeau des Coprins avec une gélification de cet organe. En effet, lorsqu'on examine au microscope le liquide noir provenant de cette liquéfaction, il n'est pas rare de voir nager des sortes de calottes incolores portant quatre pointes et qui ne sont autre chose que la partie supérieure des basides détachée de la partie inférieure. Dans ces plantes, l'accroissement ayant lieu avec une grande rapidité, les tissus sont délicats, l'eau monte en grande abondance dans l'hymenium et le chapeau et ne tarde pas à y acquérir une tension telle, que les cellules se rompent et laissent écouler le liquide, qui entraîne les débris et les spores.

Chapitre II.

CONTENU DES CELLULES.

Les principaux produits qu'on rencontre dans les cellules des Hyménomycètes sont les gaz, le protoplasma, le suc cellulaire, des matières colorantes solides ou liquides, des matières grasses et des dépôts solides cristallins.

Gaz. — La présence des gaz dans les cellules vivantes est un fait assez rare chez les Hyménomycètes ; on l'observe dans les grosses cellules blanches qui sont à la surface du chapeau de quelques *Coprins*, de l'*Hypholoma appendiculatum*, etc., auxquels elle donne la propriété de scintiller à la lumière. On peut rapprocher ce phénomène de ce qui se passe dans les phanérogames à teinte argentée et brillante où cet aspect est dû à un jeu de lumière dans les cellules aérifères de l'épiderme.

Beaucoup plus souvent les gaz se trouvent entre les cellules dans les parties où le tissu est moins serré, ce tissu prend alors une teinte plus sombre : ainsi au centre du stipe d'un grand nombre d'Agaricinées, dans la couche de l'hyménophore qui touche directement les tubes des bolets, sous la pellicule du chapeau, etc.

Les marbrures violet foncé que présente la chair du *Cortinarius violaceus*, la teinte vert de gris intense de quelques parties du *Leptonia euchlora*, sont occasionnées par de l'air interposé entre les hyphes.

PROTOPLASMA. — La cellule des Hyménomycètes, examinée au point de vue du protoplasma et du suc cellulaire, présente beaucoup de caractères communs avec la cellule des phanérogames. Le protoplasma y est toujours recouvert d'une membrane cellulosique contre laquelle il est appliqué. Cette couche protoplasmique est plus abondante dans les parties de la cellule où la vie est plus active, c'est-à-dire vers le sommet.

Le suc cellulaire est acide au tournesol dans tous les champignons supérieurs ; cette réaction est causée par l'acide oxalique, à l'état d'oxalate acide, ainsi qu'il résulte des recherches de M. Plowright (*On the occurence of oxalic acid in Fungi*).

Les mouvements protoplasmiques ont été étudiés par divers auteurs, notamment par M. de Bary dans les cellules du *Coprinus micaceus*.

Le noyau des cellules est difficile à observer directement; M. de Seynes l'indique dans les basides; dans le stipe de l'*Amanita vaginata*, nous avons vu des cellules contenant deux noyaux situés vers la partie inférieure (Pl. 1, fig. 3). De même, les cellules de la pellicule du chapeau de *Mycena flavo-alba* montrent souvent un noyau granuleux au centre de chaque cellule.

MATIÈRES COLORANTES. — Les couleurs des champignons supérieurs sont des plus variées, toutes les nuances peuvent s'y rencontrer ; néanmoins, certaines teintes dominent : le blanc plus ou moins pur, les diverses variations du jaune et du rouge s'y rencontrent communément, les teintes vertes sont plus rares ; on observe aussi le bleu, le violet améthyste, etc.

En général, la matière colorante est spécialisée dans l'épiderme, le tissu intérieur restant blanc ; mais cependant, dans un bon nombre d'espèces la masse entière du champignon participe à la teinte superficielle, ainsi la chair du *Cortinarius violaceus* est violette, celle de l'*Inocybe hiulca*, de *Guepinia rufa* est rouge, etc.

Les diverses colorations sont causées par des matières liquides ou solides contenues dans l'intérieur des cellules. La membrane est en général incolore, il est plus rare de voir cette paroi colorée et, dans ce cas, la coloration va en décroissant de l'extérieur de la paroi à l'intérieur. Les cellules externes des sclérotes de *Collybia tuberosa*, *Typhula sclerotioïdes*, celles des mycelium ligneux *(Rhizomorpha)* des *Androsaceus vulgaris*, etc., celles formant le mycelium stérile *(Ozonium)* du *Coprinus sociatus*, des stipes de quelques *Marasmius* ont leur paroi colorée en brun. Mais, primitivement, lorsque le filament cellulaire se développe, il est toujours incolore.

Ordinairement on rencontre dans le même champignon les matières colorantes à l'état liquide et à l'état solide. Dans l'*Armillariella mellea* on voit dans quelques hyphes du stipe une matière brune condensée en fragments anguleux, tandis que dans les squames du chapeau, les cellules sont gorgées d'un liquide jaunâtre transparent.

Les poils de la marge du *Stereum purpureum* sont remplis d'un liquide violet ou rougeâtre.

Dans le *Cortinarius violaceus* le liquide est d'un beau violet ; simultanément on trouve des cellules gorgées de granulations brunes qui donnent au champignon violet ses reflets rougeâtres.

Le *Leptonia euchlora* ne renferme guère qu'un liquide vert œrugineux.

Certaines parties primitivement blanches ne tardent pas à prendre une autre teinte par superposition d'un élément nouveau coloré : c'est ce qui a lieu dans les lames de beaucoup de *Leptonia, Nolanea*, dans l'*Hyph. appendiculatum*, où la couleur des lames est d'abord blanche, puis devient rose ou pourpre par suite de la formation des spores qui ont elles-mêmes cette teinte.

Des parties d'un même Champignon, dont les unes sont exposées à l'air et les autres non, peuvent avoir la même coloration, alors même qu'elles sont séparées par un tissu coloré autrement que ces parties. Ainsi dans le *Boletus luridus*, l'extrémité des tubes, celle qui a le contact de l'air, est rouge ; or la face inférieure du chapeau, celle où les tubes sont attachés, a également la même couleur rouge.

La chair de plusieurs espèces qui est primitivement blanche, peut se colorer sous l'influence de l'oxygène, ou mieux, comme l'a montré Schœnbein, sous l'action de l'ozone. Ainsi, la chair des *Gyroporus cyanescens* et *Bol. luridus* ne tarde pas à devenir bleue au contact de l'air. Il semble que l'action de l'ozone a pour effet de détruire cette matière sensible à son influence ; en effet, vient-on à casser la chair du *B. luridus*, elle bleuit de suite, puis, au bout de quelques heures, la teinte pâlit et enfin redevient semblable à ce qu'elle était primitivement.

Ailleurs, au lieu d'avoir une coloration bleue, le tissu fracturé prend des teintes rouges ou jaunes au contact de l'air.

Matières grasses. — Les matières grasses accompagnent toujours le protoplasma, ce sont elles qui le plus souvent lui donnent sa coloration. Elles sont contenues sous forme de gouttelettes huileuses jaunâtre dans l'intérieur des cellules. Les basides avant de fructifier en sont abondamment pourvues ; après le développement de la spore on les voit disparaître en grande partie, ayant servi à la nutrition. C'est encore ce qui a lieu dans beaucoup de cellules qui, à un moment donné de la végétation, en renferment une grande quantité et qui sont comme des réservoirs d'aliments, comparables aux albumens et cellules amylifères des phanérogames.

La teinte de la matière huileuse est quelquefois suffisante pour se communiquer à la spore ; ainsi dans quelques Russules, les spores vues en masse, ont un aspect butyreux dû à l'huile qu'elles renferment. A la germination l'huile s'émulsionne et finit par disparaître, absorbée par la nutrition.

Cristaux. — Toutes les analyses chimiques qui ont été faites des Hyménomycètes mentionnent la présence de sels de chaux dans les tissus de ces plantes. M. Plowright a montré que ces sels étaient des oxalates. L'examen microscopique vient confirmer l'action des réactifs et montre des cristaux d'oxalate calcaire dérivant du prisme droit ou de l'octaèdre à base rectangle, c'est-à-dire à six équivalents d'eau.

L'oxalate de chaux sous forme dérivée du prisme rhomboïdal oblique *(raphides)*, si fréquent dans les cellules des phanérogames, n'a pas encore été indiqué dans les Hyménomycètes. Les cristaux étant très fréquents non seulement dans les Basidiosporés mais aussi chez les Ascomycètes, on s'étonnera à bon droit de voir que ces cristaux ont été proposés quelquefois comme critérium entre les Lichens et les Champignons Thécasporés.

Les cristaux des Champignons ne sont que rarement contenus dans la cavité des cellules, ils sont d'habitude englobés dans la paroi des hyphes. Dans certains cas où les hyphes sont très minces, les cristaux paraissent isolés dans les mailles formées par leur entrecroisement; mais si l'on fait agir sur eux l'acide azotique étendu, les cristaux se dissolvent et on voit leur place vide entourée par une très mince bande de membrane incolore dépendant des cellules voisines. Cette manière d'être est analogue à ce qu'on voit dans les fibres des Conifères.

Lorsqu'ils se trouvent dans une cellule isolée, un poil par exemple, on voit très facilement qu'ils sont dans la paroi et souvent cette paroi est épaissie à l'endroit où se trouve le cristal, en sorte que le poil devient bossu et rugueux.

Les diverses formes des cristaux d'oxalate de chaux sont des octaèdres réguliers, puis la forme en enveloppes de lettres (Pl. 1, fig. 18); par suite de troncatures sur les angles, on obtient des figures variées, et enfin le cristal, en s'aplatissant, forme des tables irrégulières. On observe également des macles qui ont l'aspect de sphères hérissées par les pointements de l'octaèdre.

Les cristaux peuvent se trouver dans toutes les parties du champignon, on les observe dans le mycelium, le stipe et l'hyménophore. Souvent ils sont épars, disposés au hasard, mais il arrive que certaines hyphes en sont particulièrement incrustées; ainsi nous en avons vu dans le stipe du *Pleurotus ostreatus*, où ils formaient comme un étui cristallin aux filaments celluleux et étaient constitués par des cristaux irréguliers aplatis en table. On retrouve ces hyphes oxaligènes dans le chapeau et la trame de beaucoup d'espèces *(Clitocybe ericetorum)*.

Dans quelques espèces, l'oxalate de chaux se localise en des points spéciaux du tissu; ainsi dans l'*Auricularia mesenterica*, on le rencontre en extrême abondance dans la zone qui s'étend au-dessous de l'hymenium ; les cristaux y sont épars en octaèdres quelquefois énormes, ou agglomérés en grosses masses cristallines ; la zone gélatineuse en est privée et on en retrouve quelques-uns immédiatement sous l'épiderme.

Dans le *Merulius Corium* l'oxalate est spécialisé dans les mêmes régions que chez l'*Auricularia*, mais au lieu d'être en cristaux bien nets, il se trouve sous forme de concrétions sphériques de tous volumes, qui sont enveloppées dans une expansion de la paroi, ainsi qu'on peut s'en rendre compte par l'action de l'acide azotique étendu.

Ailleurs, certaines cellules du tissu, au lieu de s'incruster irrégulièrement, renflent une de leurs extrémités et c'est dans la partie renflée qu'on observe un cristal unique, plus ou moins volumineux. Nous avons rencontré ces cellules curieuses dans les stipes de *Cortinarius violaceus* et de *Leptonia euchlora*.

Les cristaux apparaissent dans le Champignon dès son premier développement et ne sont pas sensiblement plus abondants chez les vieux individus. Les espèces à croissance rapide et à tissus délicats, comme les Coprins, offrent plus particulièrement des cristaux réguliers très voisins de l'octaèdre ; dans les espèces charnues et dures, les cristaux sont le plus souvent aplatis, irréguliers.

Habituellement, dans la même espèce fongique, on n'observe que des cristaux d'une seule sorte ; cependant, nous avons vu dans le chapeau du *Stereum hirsutum* les cristaux en enveloppe de lettre, mélangés avec des boules hérissées d'oxalate de chaux.

Les cristaux sont un rebut de l'épuration du protoplasma, on ne les voit que dans les cellules végétatives, l'hymenium fertile n'en contient jamais. Mais lorsque les cellules sporifères subissent une sorte d'arrêt de développement tel qu'elles demeurent stériles, elles conservent les attributs des cellules végétatives et alors peuvent contenir des cristaux d'oxalate de chaux.

Les cystides du *Pleurotus ostreatus* nous en ont montré quelquefois. L'*Hypochnus sambuci* est fréquemment stérile ; dans ce cas, nous avons toujours vu ses cellules hyméniales ayant leurs parois incrustées de nombreux petits cristaux. Lorsqu'on rencontre quelques basides fertiles, celles-ci sont toujours exemptes d'oxalate de chaux.

Les exemplaires stériles de *Poria ferruginosa*, *Xylodon obliquum*, *P. obducens*, nous ont offert des cristallisations analogues. Dans le *Coriolus abietinus* et dans l'*Irpex fusco violaceus*, les cristaux affectent une disposition spéciale dans l'hymenium : au lieu d'être en grand nombre répandus sur toute la longueur de la cellule, il n'y a qu'un cristal unique au sommet de l'organe, cristal volumineux logé dans la paroi et souvent hérissé de pointes (Pl. 1, fig. 21).

Dans la *Russula rubra*, on voit quelques cystides qui se terminent par une partie effilée supportant une masse opaque anguleuse. Cette masse est constituée par de l'oxalate de chaux emprisonné dans une membrane cellulosique ; si on fait agir l'acide azotique, la paroi seule reste et est en continuité avec la cavité de la cystide (Pl. 1, fig. 21).

Chapitre III.

FORMATIONS CELLULAIRES.

Laticifères. — La spécialisation des fonctions physiologiques chez les Champignons commence à se montrer par la présence d'hyphes oxaligènes ; elle s'accuse un peu plus nettement par la présence, dans les tissus, de réservoirs particuliers bien distincts des éléments voisins et remplis d'un liquide opaque, sorte de *suc propre* correspondant au *latex* des phanérogames. Ces réservoirs peuvent être comparés aux *laticifères* des plantes supérieures.

Chez les Champignons, ils ont la forme de tubes d'un diamètre souvent plus grand que celui des autres éléments et sont très longs. Ils dérivent des hyphes voisines et sont quelquefois anastomosés avec elles. Lorsqu'on les prend à leur début ils ne contiennent encore que quelques granulations de suc propre et offrent çà et là des cloisons. Ces cloisons disparaissent généralement, mais dans quelques cas elles persistent même dans l'état parfait du réservoir. Souvent, le diamètre des laticiféres s'accroît irrégulièrement, et alors ils sont variqueux et renflés par place.

Ils se terminent tantôt par une partie arrondie, tantôt par un renflement, ou bien on les voit en connexion avec une hyphe cloisonnée faisant partie de la trame du tissu.

Ils peuvent être simples sur toute leur longueur ou bien diversement anastomosés entre eux.

Dans le stipe, leur direction est en général rectiligne: on les observe dans la partie périphérique: arrivés dans le chapeau, ils ont une marche beaucoup plus sinueuse : ils pénètrent dans les mailles formées par l'entrelacement des hyphes et affectent souvent alors la forme de tire-bouchon.

Ils sont fréquents dans les lames et viennent se terminer en grand nombre dans la couche sous-hyméniale et même faire saillie au dehors.

Ils contiennent un liquide qui est rarement incolore (*Russula*), mais plus souvent de couleur foncée et opaque. Dans les Lactaires, ce suc propre est très abondant et peut se répandre au dehors par des blessures accidentelles.

Outre les Lactaires et les Russules, on rencontre les lacticifères dans beaucoup de Champignons appartenant aux groupes les plus divers : Amanites, Volvaria, Mycènes, Pleurotes, Hygrophores, Bolets, Fistulines, Polypores, etc. (Pl. 1, fig. 28 et Pl. 3, fig. 26).

Croutes et Pellicules. — Plusieurs Hyménomycètes, surtout les Polypores, ont la face supérieure du chapeau constituée par une *croûte* épaisse, dure et colorée. Cette croûte est formée de cellules qui ne sont que la continuation des hyphes du chapeau. Ces hyphes, qui dans la trame, sont incolores ou peu colorées, prennent une teinte plus foncée à mesure qu'elles se rapprochent de l'extérieur et deviennent enfin entièrement brunes. A ce changement de coloration correspond un épaississement quelquefois considérable de la paroi. Cette paroi subit une modification chimique comparable à celle qui forme les cellules subéreuses et épidermiques des phanérogames. Comme dans les cuticules, ces cellules se soudent entre elles, de façon à former une membrane résistante qui prend parfois un aspect brillant qui paraît dû à une matière résineuse, c'est ce qu'on observe dans le *Ganoderma lucidum*, par exemple.

Dans le *Placodes pinicola*, ces cellules sont comme ondulées sur les bords et engrenées les unes avec les autres: cette disposition, jointe à la grande épaisseur de la paroi, contribue à donner à la croûte une grande rigidité.

Beaucoup de Russules ont la face supérieure du chapeau recouverte par une mince pellicule généralement très colorée et facilement séparable de la chair. Si nous examinons la constitution de la pellicule de *R. aurata*, nous voyons d'abord le tissu du chapeau formé de grosses vésicules. Ces grosses cellules sont recouvertes d'une couche d'hyphes grêles, serrées, presque soudées les unes aux autres, pleines de granules colorés en rouge-orange et constituant la pellicule. Dans cette plante, les hyphes de la pellicule se terminent à la surface par une portion pileuse gélifiée qui donne la viscosité propre au chapeau de cette espèce.

Dans d'autres cas il y a, outre cette différence de texture entre la pellicule et le chapeau, une zone intermédiaire de tissu très lâche, entre les hyphes duquel des gaz sont interposés, ce qui facilite encore la séparation de la pellicule.

Poils et Squames. — Les poils des Hyménomycètes sont des prolongements des hyphes en dehors du tissu; on les rencontre sur toutes les parties du réceptacle : le stipe, le chapeau et l'hymenium.

Les poils peuvent être simplement la continuation des hyphes internes avec toutes leurs propriétés : ainsi, la surface du chapeau de quelques *Stereum* est couverte de poils distincts que le microscope montre nettement continuer le tissu interne par une simple incurvation.

Ailleurs, ils sont formés de cellules très grêles et diaphanes, à granulations de protoplasma incolore : tels sont ceux de la base du stipe de *Leptonia euchlora*. Quelquefois, les poils contiennent des matières colorantes liquides ou solides (*Cortinarius violaceus*). Il y en a de simples et de rameux.

Fréquemment ils affectent des formes particulières, ainsi, dans le stipe de l'*Inocybe hiulca*, ils sont terminés par une grosse cellule ovoïde, ayant à son sommet de curieux épaississements de la membrane.

Le plus ordinairement ils sont libres sur toute leur longueur, parfois ils sont couverts de petites aspérités, comme dans plusieurs *Cyphelles*.

Les poils qui sont primitivement libres, peuvent se souder entre eux en un point quelconque de leur longueur (*Pleurotus ostratus*). Dans le *Panus rudis*, un certain nombre de poils convergent les uns vers les autres et se soudent à leur sommet, formant ainsi des groupes qui ont la forme de *houppes*.

Dans le *Dædalea quercina*, les hyphes en quittant la trame restent contextées de façon à former des sortes de lames minces qui se croisent dans tous les sens et recouvrent le chapeau de *crêtes* pileuses.

Sur le chapeau de l'*Arm. mellea* on voit des groupes de poils soudés sur leur longueur, qui s'incurvent pour quitter la trame et former ainsi des *squames* (Pl. 1, fig. 11). Dans les *Inocybe* (*rimosi*), sur le chapeau de quelques Polyporés, la pellicule se fendille et donne naissance, en se soulevant, à des squames plus ou moins appliquées sur le tissu.

Dans tous les cas, les poils sont la terminaison stérile des hyphes du tissu, terminaison qui devient fertile lorsqu'elle a lieu dans l'hymenium.

Chapitre IV.

CONSTITUTION GÉNÉRALE D'UN HYMÉNOMYCÈTE.

Un Hyménomycète se compose d'une partie végétative destinée à puiser dans le sol les éléments de la nutrition, et d'une partie visible au dehors, qu'on est habitué à considérer comme le champignon proprement dit, mais qui n'est en réalité qu'un organe de fructification.

La partie végétative est désignée sous le nom de *mycelium*.

Le réceptacle fructifère peut présenter des cas de complication variables; l'exemple le plus parfait se voit chez les *Amanites;* on y rencontre alors en allant de l'extérieur à l'intérieur, une enveloppe générale ou *volva,* qui recouvre tout le champignon dans son jeune âge et qui par l'effet du développement se déchire soit au sommet, soit vers le milieu de sa hauteur, laissant à la base de la plante une sorte de cupule; du milieu de cette cupule s'élève un *stipe* portant à son sommet une partie étalée ou *chapeau* dont la face inférieure est tapissée de *lames* rayonnantes recouvertes sur leurs deux faces par l'*hymenium.* Enfin les bords du chapeau sont reliés au stipe, dans le jeune âge du champignon, par une membrane mince ou *voile partiel* qui persiste sur le stipe en formant une sorte de bague ou *anneau*.

Chaque partie du réceptacle peut manquer suivant le genre auquel appartient l'espèce envisagée; la *volva* n'existe guère que chez les *Amanites*, *Coprins* et quelques *Bolets;* le stipe est nul dans beaucoup de *Polypores*, *Hydnes*, etc., qui ont le chapeau *sessile, dimidié* ou *résupiné;* le chapeau disparaît dans les *Montagnites* laissant des lames nues au sommet du stipe; le voile partiel manque dans un très grand nombre de cas; enfin les *lames* s'atrophient dans plusieurs *Omphalies*, etc., en sorte que l'hymenium s'étale sur une surface lisse. Dans les bolets, les polypores, les hydnes, on voit les lames disparaître pour être remplacées par des *pores* ou des *pointes* et même dans les Télephorés par une surface nue comme celle des Agaricinés dégénérés.

MYCELIUM. — Le *mycelium* a été indiqué pour la première fois, d'une manière très nette, par Necker en 1783[1], cet auteur le désigne sous le nom de *Carcithe* et dit qu'il « est la souche des champignons, qui en « doivent directement naître. La nature du carcithe « est, dans son commencement, une fluidité apparente, « à laquelle la solidité succède. Sa faculté ou qualité « propre, est celle de pouvoir se conserver pendant « un certain nombre d'années, moyennant qu'il soit « gardé dans les lieux secs...... cet être fongueux « tire son origine primitive du tissu cellulaire modifié, « qui est enfermé dans les mailles des fibres du bois...»

Comme on le voit par cette citation, Necker, après

1 *Traité sur la Mycitologie ou discours historique sur les Champignons en général*, opuscule avec figures, par Natalis Joseph de Necker. Mannheim 1783.

avoir reconnu l'existence et le rôle de son Carcithe ou mycelium, n'a pas vu son origine.

Le mycelium est le produit direct de la germination de la spore; au début il est formé d'un filament unique et simple: ce filament ne tarde pas à se ramifier et à anastomoser ses cellules dans tous les sens.

Il est ordinairement vivace: chaque année ou plutôt à chaque période de végétation, il s'étend et fructifie en s'éloignant de plus en plus du point où il a pris naissance. Ceci est la conséquence de son accroissement amphigène, grâce auquel les parties les plus anciennes se détruisent et la vie se porte vers des points de plus en plus extérieurs. Les grands cercles verts qu'on voit se détacher sur le gazon des prairies, indiquent la présence du mycelium de divers Agarics. Dans ces cercles les champignons s'observent seulement sur la périphérie, point correspondant à la zone de végétation la plus active.

Il est intéressant de remarquer l'action du cercle mycélien sur le gazon qui croit dans son étendue. Dès le premier printemps, alors que le fond général de la prairie n'a pas encore commencé sa végétation, on voit les graminées et autres plantes qui se trouvent sur le parcours du mycelium présenter un remarquable développement et une teinte d'un vert foncé qui tranche vivement sur le fond terne de la pelouse. Au contraire dans le courant de l'été, la prairie étant très verte, le cercle est presque complétement dénudé, les plantes qui s'y trouvaient sont desséchées et comme brulées et leur emplacement semble rebelle à toute végétation.

La cause de ces variations est due au développement même du champignon. En effet, vers la fin de l'été et en automne un grand nombre de champignons pourrissent sur place et apportent aux graminées un engrais puissant qui accélère leur croissance: mais le mycelium commençant lui-même à croître dès avril ou mai, épuise le sol de ses phosphates et de ses produits azotés, le rendant ainsi impropre à alimenter toute végétation phanérogamique.

Quelques myceliums peuvent rester en terre de nombreuses années sans fructifier, ce n'est que lorsque des conditions extérieures favorables viendront les influencer, qu'on verra subitement apparaître des espèces qui n'avaient été aperçues qu'à de longs intervalles.

Le mycelium des Hyménomycètes se présente sous quatre formes principales : la forme *filamenteuse* formée de cellules grêles, allongées, diaphanes, à protoplasma granuleux, dirigées dans tous les sens et souvent anastomosées. C'est cette disposition qui s'observe dans beaucoup d'Agarics et qui donne au substratum un aspect cendré blanchâtre spécial.

2° la forme *fibreuse*, moins fréquente que la précédente et dans laquelle les hyphes mycéliennes sont accolées ensemble par paquets, de manière à simuler des cordons radiciformes. Cette disposition est très apparente dans *Clitocybe platyphylla*, espèce commune en été dans tous nos bois.

3° la forme *membraneuse* où les cellules sont contextées en un lacis épais et résistant ayant l'aspect d'une membrane qui a été prise autrefois pour un champignon autonome. C'est ainsi qu'étaient constitués les genres *Himantia*, *Xylostroma*, etc.

4° enfin la forme *solide* dans laquelle le mycelium est un corps dur, souvent charnu, appelé *sclérote* et qui a longtemps formé, lui aussi, le genre spécial *Sclerotium*.

En général, un sclérote est une masse charnue, blanche, formée de cellules à parois épaisses, diversement contournées sur elles-mêmes et entourées à l'extérieur de cellules à parois cuticularisées. Les sclérotes peuvent rester longtemps sans végéter, la vie y est à l'état latent et ne se manifeste que lorsqu'ils sont placés dans des conditions convenables. Beaucoup d'Hyménomycétes sont pourvus de sclérotes, on en trouve chez les Agaricinés (*Collybia cirrhata, C. tuberosa*, etc.), les Clavariés (*Typhula nivea, Pistillaria bulbosa*, etc.).

La présence du sclérote n'est pas constante dans la même espèce, elle paraît dépendre de la plus ou moins grande abondance des éléments de nutrition. On peut considérer cet organe comme une hypertrophie du mycelium, comparable aux tubercules féculents des phanérogames ; lorsque le sclérote se développe, les parois de ses cellules sont en grande partie absorbées et à la fin de la végétation, il devient mou et flasque par suite de la disparition de sa substance.

On peut considérer comme une forme spéciale de sclérote les productions filamenteuses dites *ozonium*. En effet, si nous examinons l'ozonium qui produit le *Coprinus sociatus*, on le voit formé d'une partie blanche, charnue, d'où s'élève le Coprin ; la couche externe de cette partie charnue est formée de cellules cloisonnées, très allongées et *brunes* comme la partie corticale des sclérotes types.

De même les *Rhizomorpha*, sortes de cordelettes brunes qui rampent sous l'écorce ou sur la terre parmi les feuilles mortes, sont de véritables sclérotes végétants, d'où s'élèvera un jour le réceptacle de quelque Agaric.

Dans certaines espèces telles que *Collybia fusipes*, la base du stipe persiste après la destruction de la partie supérieure et devient le point de départ d'autres réceptacles qui se développent l'année suivante, alors que la vie a été conservée par cette base commune qui peut également être assimilée aux sclérotes.

Dans le *Collybia velutipes*, qui croit par touffes sur un grand nombre d'arbres, le stipe ligneux peut jouer le rôle de mycelium sclérotoïde en donnant naissance à des réceptacles adventifs : fait-on une blessure à un de ces stipes, on voit au bout de peu de jours, faire saillie par l'ouverture un corps blanchâtre qui s'allonge et va se terminer par un chapeau. Nous avons observé un phénomène analogue dans le *Pleurodon auriscalpium* : un individu de cette espèce avait eu le stipe brisé un peu au dessous du chapeau. Trois réceptacles secondaires s'étaient développés à la périphérie de la cassure, portant tous trois un petit chapeau parfaitement constitué et fertile.

Dans les deux cas qui précèdent le stipe est devenu accidentellement sclerotioïde.

Dans le plus grand nombre des cas le mycelium est de couleur *blanche* (blanc de champignon), il est *brun* dans les *Fomes*, *rouge* dans *Trametes cinnabarina*, *jaune d'or* dans *Corticium sulfureum*, etc.

VOLVA. — Un grand nombre d'Hyménomycètes, principalement ceux à hymenium lamelleux et poreux, sont enveloppés dans leur jeune âge par une membrane particulière qui disparait plus ou moins par suite du développement : c'est la *volva* ou *voile général*.

Son mode de déhiscence, qui sert à caractériser quelques groupes d'espèces, est intimement lié à sa structure anatomique. Dans les amanites, telles que *A. cæsarea*, *A. ovoidea*, on trouve une volva membraneuse qui, sous l'effort du réceptacle interne, se déchire au sommet seulement, pour permettre au chapeau de sortir ; cette volva persiste toute entière à la base du stipe sans abandonner de débris à la surface du chapeau. Dans *A. muscaria*, *A. rubescens* au contraire, le voile général, se rompt de toutes parts en un grand nombre de fragments ; une partie demeure soudée à la base du stipe et le restant est emporté par le chapeau à la surface duquel il forme de nombreuses verrues blanches.

Dans le premier cas la volva est formée de longues cellules dirigées verticalement, très adhérentes entre elles et opposant une grande résistance au déchirement (Pl. 1, fig. 1).

Dans le second cas le tissu est uniquement composé de grosses cellules globuleuses, simplement accolées et sans cohésion, en sorte qu'elles peuvent se séparer sans le moindre effort (Pl. 1, fig. 2).

Le voile général dans le genre *Coprinus* est le plus souvent formé de cellules globuleuses ou un peu allongées constituant une couche floconneuse très fugace entourant la jeune plante, couche qui ne laisse que rarement quelques débris cupuliformes à la base du stipe, mais qui produit à la surface du chapeau soit une furfuration, soit de petites squames, des plaques ou une pulvérulence d'aspect plus ou moins micacé.

Dans *Rozites caperatus* adulte on ne trouve plus qu'une pruinosité blanche au sommet du chapeau, indiquant la présence d'un voile général.

Il en est de même dans plusieurs *Inocybe*, tels que *I. eutheles*, *I. curreyi*, etc. Dans l'*I. maculata* les traces de la volva sont un peu plus marquées et le chapeau est orné vers sa partie supérieure d'élégantes écailles blanches disposées en séries concentriques et sans adhérence avec le tissu du chapeau.

Les jeunes bolets du genre *Strobylomyces* sont entourés d'une masse de poils allongés formant un épais feutrage qui se retrouvera sur le chapeau de l'adulte sous l'aspect d'écailles laineuses imbriquées [1].

[1] La gaine membraneuse qui entoure la base du stipe de *Boletus volvatus* Pers. ne semble pas devoir être considérée comme un débris de voile général. Cette plante, qui n'a pas été retrouvée, doit être un *B. viscidus* dans lequel l'anneau est resté à la base du pied par suite de l'action d'un parasite voisin des *hypomyces*.

C'est sur une déformation de même origine qu'a été fondée l'*Amanita prætoria*, dans laquelle on doit voir une *A. caesarea* dont l'anneau a été uni à la volva sous l'influence parasitaire.

Cet organe correspond au peridium externe des Gasteromycètes tandis que l'anneau représente le peridium interne.

STIPE. — Le stipe est en général formé d'hyphes accolées les unes aux autres et qui ont une direction parallèle. De la forme de ses cellules dépend la consistance de l'organe : les stipes *fibreux* ou cornés sont à cellules très longues, étroites, à peu près cylindriques et dont les parois sont plus ou moins épaissies ; les stipes à texture *grenue* (*Russula, Lactarius*) sont formés de cellules dont la forme approche celle de la sphère (Pl. 1, fig. 17) ; fréquemment à ces cellules sont mêlés des réservoirs à suc propre, qui ont aussi une direction parallèle à celle des hyphes. A la périphérie du stipe on observe souvent des poils de diverses formes émanant des cellules internes.

En général le diamètre des cellules va en augmentant de la periphérie au centre : à l'extérieur elles forment souvent une zône séparable analogue à une partie corticale.

Le stipe peut être *plein*, ou creusé en son milieu d'une cavité longitudinale, vide ou farcie d'une moëlle floconneuse formée d'hyphes à grosses cellules lâches.

Le stipe peut acquérir de grandes dimensions, comme dans quelques *Amanites*, *Lepiotes*, *Pholiotes*, *Coprins*, etc., par contre il peut être extrêmement réduit comme dans quelques *Pleurotes*, enfin il manque dans beaucoup de *Polypores*, *Hydnes*, etc.

En général la durée du stipe est la même que celle de tout le réceptacle, parfois même (*Coprinus*) il persiste alors que le chapeau est déjà détruit. Dans quelques cas rares (*Calathinus*), le réceptacle est pourvu d'un stipe bien distinct dans le jeune âge, puis le chapeau se retourne, le stipe se détruit, le réceptacle devient sessile et ne tire sa nourriture que par quelques poils hypertrophiés provenant de la surface du chapeau.

Ordinairement le stipe est inséré au centre du chapeau, mais dans quelques cas, il est normalement excentrique ou même tout à fait latéral (*Pleurotus ostreatus*, etc.). Quelques espèces à stipe habituellement central, offrent accidentellement cet organe inséré sur un point excentrique (*Boletus edulis*, *Amanita junquillea*, etc.).

CHAPEAU OU HYMÉNOPHORE. — En règle générale le tissu dans le chapeau est formé d'hyphes à cellules plus grandes que dans le stipe; leur direction est aussi plus irrégulière et, par suite celle des laticifères, lorsqu'il y en a, est tout à fait sinueuse.

Dans quelques cas le chapeau est séparé du stipe par un tissu à éléments grêles, courts, serrés et à parois minces: c'est ce qu'on observe dans beaucoup de Coprins et d'Agarics. Cette zône intermédiaire est peu tenace; il s'en suit qu'on peut détacher le stipe du chapeau d'une façon très nette et, dans ce cas, on dit que *le stipe est distinct de l'hyménophore*.

Ailleurs le stipe se détache du chapeau sous un faible effort par suite du changement de direction des hyphes. Ainsi, elles sont parallèles dans le stipe, et brusquement elles se croisent, s'entrelacent dans tous les sens, en sorte qu'en cette partie la résistance à la cassure est moindre.

Souvent l'hyménophore n'est que le résultat de l'épanouissement des hyphes du stipe, sans que ceux-ci subissent de modifications bien sensibles dans la forme, la longueur ou l'entrecroisement. On comprend que dans ce cas il n'existe pas de ligne de rupture entre le stipe et le chapeau, on dit alors que *le stipe est continu avec l'hyménophore*.

Lors de l'épanouissement des filaments cellulaires du pied pour former le chapeau, ceux de la périphérie forment la face inférieure de l'hyménophore et se terminent en se recourbant pour descendre dans les lames, pores ou pointes hyménifères.

Les filaments cellulaires du centre du stipe forment la masse du chapeau. Dans certains cas ces filaments viennent se terminer directement à la face supérieure sans épaissir leurs extrémités ni les souder entre elles en sorte que l'hyménophore à une structure fibreuse et n'est pas recouvert par une pellicule, sa *surface est spongieuse et villeuse :* c'est ce qui arrive chez beaucoup de Polypores.

Ailleurs les hyphes partant du stipe viennent bien encore se terminer à la surface du chapeau sans se contexter et en formant encore un tissu fibreux. mais leurs cellules terminales épaississent leurs paroi, qui se soudent entre elles à l'aide d'une matière résineuse : le chapeau est alors *recouvert d'une croûte rigide*, comme dans les genres *Ganoderma*, *Fomes*, *Placodes*, etc.

Enfin, les filaments cellulaires, au lieu de se terminer simplement à la surface du chapeau, peuvent s'incurver de nouveau, se souder et recouvrir ainsi la masse de l'hyménophore d'une *pellicule* distincte et séparable, à surface unie, villeuse ou squammeuse.

Dans le genre *Stereum* la coupe de l'hyménophore présente trois zônes bien distinctes. qui sont formées par de simples changements de direction des hyphes : celles-ci partant du point d'insertion de la plante se prolongent dans le même sens pendant un certain temps, puis celles qui sont les plus inférieures s'incurvent vers la terre pour se terminer par l'hymenium ; celles qui sont les plus supérieures s'incurvent également mais en sens contraire pour former la surface villeuse du chapeau.

Dans les *Téléphorés* résupinés, *Corticium*, etc., l'hyménophore est placé directement sur le mycelium, les filaments sont contextés dans tous les sens et se terminent à l'hymenium.

Dans les *Clavariés* telles que *Clavaria*, *Pistillaria*, le tissu charnu du stipe se continue sans aucun changement de forme ou de direction dans la partie hyménifère. Dans *Typhula* le tissu corné du stipe devient charnu dans la clavule, et enfin dans *Ceratella* les filaments cellulaires dressés et parallèles formant toute la plante, ne sont hyménifères que sur leur partie moyenne : la zône stérile inférieure correspond à un *stipe* et la zône terminale est une pointe plus ou moins longue également stérile.

ANNEAU. — L'*anneau* ou *voile partiel* réunit le stipe aux bords du chapeau, il se détache d'ordinaire de ceux-ci et retombe sur le stipe en formant une sorte de colerette, cependant le contraire a lieu quelquefois et les débris de l'anneau forment une frange à la marge de l'hyménophore (*Hypholoma appendiculata*, *Panaeolus sphinctrinus*, etc.).

Les Hyménomycètes charnus lamelleux ou poreux possèdent seuls cet organe d'une façon manifeste ; il s'y présente sous trois manières d'être bien distinctes :

1° Dans un cas il n'est que la continuation de la pellicule membraneuse du chapeau ; dans le jeune âge, le réceptacle tout entier est entouré par cette pellicule qui est soudée également avec la base du stipe. A mesure que s'opère l'allongement du stipe, le voile se sépare de la base de celui-ci et glisse en montant sur la longueur de cet organe, puis lorsque le chapeau tend à s'élargir, il se fait, sous l'influence de la tension ainsi produite, un déchirement autour de la marge et l'anneau devient *libre* et *flottant* sur le stipe à une hauteur variable : c'est ce qui s'observe dans *Lepiota procera*, *Coprinus comatus*, etc.

2° Dans un autre cas le voile partiel est inséré tout au sommet du stipe et est soudé avec cet organe sur une assez grande longueur, puis il s'épanouit pour rejoindre les bords du chapeau : le type de cette disposition se voit chez *Rozites caperatus*.

3° Enfin dans les *Armillaria*, quelques *Lepiota*, etc., a lieu une disposition qui est l'inverse de la précédente, l'anneau est soudé au stipe en partant de la base de celui-ci.

De nombreux cas intermédiaires à ces trois types peuvent se rencontrer dans la série des Hyménomycètes.

L'anneau peut être *membraneux* ou *floconneux* suivant la longueur, la rigidité ou la cohésion de ses cellules entre elles. Dans les *cortinaires* il est formé de files de cellules distinctes les unes des autres et a un aspect *aranéeux* spécial : il est alors désigné sous le nom de *Cortine*. Il est *visqueux* dans le genre *Gomphidius* et entièrement *glutineux* dans *Lepiota illinita*.

Il est persistant ou fugace.

CHAPITRE V.

DE L'HYMENIUM.

Nous avons défini l'hymenium, la membrane formée par l'accolement des cellules sporifères. Si on fait des coupes minces dans les lames encore très jeunes d'un Agaric, par exemple, on voit que les hyphes, formant la trame de ces lames, ont une direction parallèle et se redressent à leur extrémité qui se prolonge par des filaments cloisonnés très courts, entrelacés et terminés eux-mêmes par une cellule plus ou moins ovoïde dont la direction est perpendiculaire à celle de la trame : l'assemblage de ces petites cellules ovoïdes est le rudiment de l'hymenium.

Une couche hyméniale semblable se produit de chaque côté de la lame. Sur l'arête, ou bien il se produit également des cellules pouvant devenir sporifères, ou bien les hyphes de la trame font saillie au dehors et se terminent par des touffes de cellules généralement renflées ou de conformations particulières. Ces touffes peuvent être incolores (*Inocybe, Tr. rutilans*) ou teintées de différentes couleurs (*Leptonia serrulatus*) et ne doivent pas être confondues avec les éléments hyméniens. Il peut arriver que des touffes semblables fassent hernie au milieu de l'hymenium ;

dans ce cas, comme sur la tranche, elles peuvent renfermer tous les organes de la trame : cristaux, laticifères, etc.

Etant donné le mode de développement des hyphes, on peut, jusqu'à un certain point, considérer un Hyménomycète, comme formé par la réunion en une masse commune, d'un grand nombre d'individualités distinctes, constituées chacune par une hyphe terminée par une cellule fructifère de l'hymenium.

Si maintenant nous examinons un hymenium complètement développé, nous voyons que ses éléments, qui étaient tous semblables au début, se sont spécialisés pour former trois sortes de cellules :

1° les *basides*, cellules essentielles, caractérisées par la présence à leur sommet de pointes terminées par des corps spéciaux qui sont les *spores*.

2° les *cystides*, cellules stériles, de dimensions considérables et de formes spéciales souvent caractéristiques de certains genres.

3° les *paraphyses*, cellules fondamentales de l'hymenium, qui sont des basides arrêtées dans leur développement.

Basides. — Si nous embrassons l'ensemble des formes de la baside dans les divers groupes des hyménomycètes, nous voyons que ces formes se rapportent à deux manières d'être distinctes, à deux types bien tranchés : la baside *adulte* peut être *unicellulaire* comme dans les Agarics, les Bolets, les Clavaires, ou bien elle est *pluricellulaire* comme dans les Auriculaires, Guepinia, Tremelles, etc.

Basides unicellulaires. — La cellule de la baside unicellulaire varie peu dans sa forme générale : elle est le plus souvent ovoïde allongée, arrondie au sommet et atténuée à la base ; dans les polypores elle approche de la forme globuleuse et dans plusieurs *Stereum* elle est à peu près linéaire. Elle renferme un protoplasma abondant, granuleux ou à vacuoles, localisé surtout vers la partie supérieure, comme cela a lieu dans les cellules végétatives des champignons. Autour du sommet de la baside, naissent *simultanément* des bosselures, d'habitude au nombre de quatre, qui sont creuses à l'intérieur et continuent la cavité de la baside ; ces bosselures s'allongent en tubes creux, grêles, effilés au sommet : ce sont les *stérigmates* qui se termineront chacun par une spore.

La présence des stérigmates est constante dans tous les hyménomycètes et les spores ne sont jamais sessiles comme cela s'observe dans beaucoup de Gasteromycètes. Leur longueur est très variable, ils peuvent être très courts, ou atteindre une longueur égale ou supérieure à celle de la cellule basilaire (*Stereum disciforme*) ; leur forme est d'ordinaire celle d'une petite corne effilée au sommet, droite ou plus ou moins arquée.

Dans l'immense majorité des cas, les stérigmates sont au nombre de *quatre*. Les basides monospores se rencontrent dans plusieurs *clavariés inférieurs*, quelques *théléphorés* : celles à *deux* stérigmates sont fréquentes dans les genres *Pistillaria*, *Typhula*, *Corticium*, etc., plus rares dans les Agaricinés (*Collybia pythia*) ; les basides à *trois* stérigmates dans beaucoup d'Agarics, Hydnes, mais seulement par avortement d'un stérigmate dans la baside tétraspore. Celles à *cinq*, *sept* et *huit* stérigmates se rencontrent dans diverses espèces de Chanterelles. Enfin les basides à *six* stérigmates se voient dans le *Sistotrema confluens*.

Nous avons observé dans le *Craterellus cornucopioïdes*, dont le type est bispore, des basides à quatre spores formées par fusionnement de deux basides à deux stérigmates.

Basides pluricellulaires. — Dans les *Auricularia mesenterica* et *sambucina*, les basides sont d'abord formées d'une cellule allongée, cylindrique, renfermant dans toute sa longueur un protoplasma granuleux; ensuite il se forme trois cloisons parallèles et perpendiculaires aux parois de la cellule primitive; au niveau et en dessous de chaque cloison s'élève un stérigmate, en sorte qu'on a une baside formée de quatre cellules superposées portant chacune un stérigmate sporifère (Pl. 4, fig. 14).

Dans les *Sebacina incrustans* et *Letendreana*, dans les *Tremella*, etc., la formation de la baside passe par les phases suivantes :

Un filament de l'hymenium spécialise une de ses extrémités en y accumulant du protoplasma; cette extrémité commence par se renfler et prendre une forme ovoïde; puis, il se fait une cloison horizontale qui isole la partie globuleuse en lui ménageant un court pédoncule. Ensuite, cette boule se coupe en deux par une cloison verticale, qui peut ne pas arriver jusqu'à la partie inférieure. Au sommet de chacune des deux parties ainsi formées s'élève une éminence qui, s'allongeant considérablement, devient un stérigmate.

Souvent chacune des deux moitiés ainsi produites, se divise à son tour et la baside a alors quatre cellules et quatre stérigmates (Pl. 4, fig. 13-15-16).

Enfin une seule des deux moitiés primitives peut seule se couper et on a un organe formé de trois cellules accolées.

Dans le *Guepinia helvelloïdes*, le mode de formation de la baside est le même, seulement cet organe reste toujours bispore.

Dans le *Tremellodon gelatinosum* les mêmes phénomènes se reproduisent, avec cette différence qu'à la fin les quatre segments s'écartent beaucoup l'un de l'autre, à tel point que la baside paraît formée de quatre basides monospores (Pl. 4, fig. 12).

Dans les *Calocera* et *Guepiniopsis*, l'extrémité d'un filament hymenien gorgée de protoplasma, s'isole par une cloison et ressemble alors à un cylindre très réfringent; puis son sommet s'échancre et deux proéminences paraissent. Sur chacune de ces petites saillies naît une cellule conique qui supporte la spore. Chacune de ces petites cellules a été regardée comme une baside monospore : nous pensons plutôt qu'il faut considérer comme baside tout l'ensemble spécialisé et ne voir que des stérigmates dans les deux pointes, mais stérigmates séparés du baside par une cloison (Pl. 4, fig. 10-11).

Quelquefois, dans ces mêmes genres, la cloison ne se produit pas à l'intersection des stérigmates et du corps basilaire, ces deux parties communiquent alors largement et l'organe paraît fourchu.

Chez les *Dacrymyces* la baside se produit d'une manière identique, avec cette différence que les deux stérigmates sont fréquemment coupés en travers par deux ou trois cloisons (Pl. 4, fig. 8).

Le genre *Helicobasidium* présente une baside encore plus remarquable. Les filaments hyméniens sont d'abord cylindriques; leur portion terminale s'isole par une cloison, puis la moitié supérieure de cette portion isolée s'incurve peu à peu jusqu'à ce que l'extrémité vienne toucher et même s'appuyer sur la partie restée verticale. Dans la zone la plus élevée de l'arc ainsi obtenu paraissent deux éminences, qui s'allongent plus ou moins : ce sont deux stérigmates.

Souvent il se produit une cloison dans le corps basilaire, entre les deux stérigmates; il peut s'en former également une ou plusieurs dans les stérigmates mêmes, comme dans les Dacrymyces. Enfin, on trouve des basides à trois, quatre spicules sporifères (Pl. 4, fig. 6).

Spore. — Lorsque dans la baside, les stérigmates se sont développés, leur extrémité commence à se renfler pour produire un corps ordinairement plus ou moins globuleux dans lequel le protoplasma s'accumule et qui pourra se détacher à un moment donné pour former un organe isolé, indépendant de la plante mère : c'est la *spore.*

Dans une baside à plusieurs stérigmates, les spores paraissent *simultanément* sur chacun d'eux et leur accroissement se fait d'une manière à peu près égale jusqu'à la maturité. Après leur chûte, il est probable que la baside, dont le protoplasma est loin d'être épuisé, produit une nouvelle poussée de spores et peut-être plusieurs. Il arrive fréquemment d'observer des basides sur lesquelles un ou plusieurs stérigmates portent de très jeunes spores, tandis que les autres sporophores présentent des fruits prêts à se détacher : étant donné la simultanéité première d'apparition de spores, tout porte à croire que ces très jeunes organes sont nés après la chûte des premiers.

La spore est gorgée d'un protoplasma souvent hyalin, quelquefois on y observe des vacuoles, des gouttelettes huileuses ou des granulations; le nombre et la disposition de ces gouttelettes doivent être notés avec soin, car leur disposition est parfois caractéristique de certaines espèces; cependant ce caractère est loin de présenter chez les hyménomycètes la fixité et l'importance qu'il acquiert chez beaucoup de discomycètes (*Pezizes*). Quelques auteurs ont regardé ces masses protoplasmiques comme de petites spores internes et les désignent sous le nom de *sporidies.*

Les spores sont en général continues, très rarement on y observe des cloisons transversales (*Dacrymyces* et quelques hétérobasidiés).

Dans les hyménomycètes la spore est d'habitude munie de deux enveloppes : l'interne ou *endospore* qui est très extensible et l'externe ou *épispore* rigide et cassante. Ces deux couches sont assez difficiles à observer directement au microscope, mais dans beaucoup de cas, alors que la spore a subi un commencement de germination, elles sont nettement séparées et très distinctes : l'endospore en se gonflant déchire l'épispore dont les débris forment un voile flottant autour de l'organe.

La membrane de l'endospore est continue dans toute son étendue ; il n'en est pas de même de l'épispore qui présente une solution de continuité en un point de sa surface, point qui est désigné sous le nom de *pore germinatif*.

Le pore germinatif est très grand et facile à observer dans les genres *Coprinus*, *Bolbitius*, *Galera*, *Hypholoma*, *Stropharia*, etc. et en général dans toutes les spores fortement colorées. Dans les *leucospores* il est plus difficile à distinguer, il est encore très apparent dans les grosses spores de *Lepiota procera*, *mastoidea*, etc., surtout lorsqu'elles commencent à germer. Il n'existe pas dans les *hétérobasidiés*, ainsi que dans plusieurs homobasidiés.

Vu de face il a l'aspect d'une petite ouverture circulaire bordée par une ligne sombre et au travers de laquelle on voit la membrane interne incolore. Lorsque la spore est examinée de profil la courbe externe de l'épispore n'est jamais exactement continue : au point où se trouve le pore germinatif, il y a une troncature brusque très facile à reconnaître. Souvent l'endospore fait une légère saillie au travers du pore, on voit alors une petite protubérance limitée à sa base par une ligne sombre qui est le bord de la membrane externe. Enfin, il peut arriver que les deux enveloppes de la spore ne soient pas exactement appliquées l'une contre l'autre dans toute leur étendue : autour du pore germinatif l'épispore se relève et produit ainsi un tube très court fermé à sa partie inférieure par l'endospore et béant à son sommet.

Dans une spore il faut considérer la *base* et le *sommet*. La base répond au point d'attache de l'organe sur le stérigmate ; elle porte presque toujours un court appendice qui est l'extrémité du sporophore, cet appendice est dirigé suivant l'axe de la spore ou fait un angle variable avec lui ; il peut être plus ou moins long, mais n'atteint jamais de grandes dimensions chez les hyménomycètes [1].

Le pore germinatif est toujours placé au sommet organique de la spore, qui peut ne pas coïncider exactement avec le sommet géométrique.

Dans la spore jeune, l'épispore est toujours parfaitement lisse et elle demeure telle dans l'âge adulte dans un grand nombre de cas ; quelquefois la membrane externe présente des ornements en relief d'aspect variables et qui peuvent servir à caractériser des espèces ou même des genres.

La production de ces ornements externes de l'épispore commence très tard, aussi dans l'étude des spores ne doit-on envisager cet organe que dans son état de plus parfait développement : certaines spores qu'on pourrait croire adultes et à épispore lisse, deviennent un peu plus tard réellement *échinulées*, c'est ce qui a lieu dans les *Lepista inversa*, *gilva*, *flaccida*, *infundibuliformis*, etc.

D'ordinaire ces ornements sont d'abord de simples

[1] Dans plusieurs gasteromycètes des genres *Bovista*, *Lycoperdon*, etc., le stérigmate tout entier se détache et est emporté par la spore.

granulations plus ou moins distantes les unes des autres, peu à peu elles s'allongent et couvrent la spore de pointes courtes et grêles toutes semblables entre elles. D'autres fois les épaississements se font seulement sur un petit nombre de points (4-6), mais ils s'accroissent en largeur aussi rapidement qu'en hauteur, ils ne tardent pas à devenir confluents et alors la spore est *anguleuse* comme dans beaucoup d'*Inocybes*, d'Agaricinés rhodosporés, de Théléphorés, etc.

Au début toutes les spores d'Hyménomycètes sont globuleuses, mais en général cette forme est transitoire et fait place à des aspects très variés.

Elle demeure *sphérique* dans quelques *Amanites*, *Clavaires*, *Corticium*, etc. Dans la majorité des cas la spore est *ovoïde* et *inéquilatérale*, la plus grande courbure étant tournée en dehors ; elle devient quelquefois *cylindrique*, *droite* ou *courbée* (*Corticium*, *Trogia*, etc.) ; beaucoup de Rhodospores (*Nolanea*, *Entoloma*, etc.), d'*Inocybes*, de Théléphorés, ont la spore anguleuse. Chez plusieurs Coprins elle prend des formes remarquables, ainsi dans *C. hemerobius* elle est comprimée, large dans la partie basilaire, étroite et étirée en une sorte de bec vers le haut, bec à l'extrémité duquel se trouve le pore germinatif. Dans le *Coprinus semistriatus* la spore a exactement la forme d'une lentille biconvexe, ayant son point d'attache et son sommet sur la tranche.

Toutes les spores jeunes sont incolores. Adultes leur couleur est extrêmement variable, on y rencontre à peu près toutes les teintes, mais on peut les rapporter toutes à un petit nombre de couleurs dont les tons diffèrent entre eux par du plus ou du moins. Ce caractère de couleur, qui d'ordinaire est peu important dans le règne végétal, acquiert ici une grande valeur au point de vue de la classification.

Les teintes fondamentales des spores d'Hyménomycètes sont le *blanc*, le *rose*, le *jaune d'ocre*, le *violet pourpré* et le *noir*.

Pour bien juger de la couleur des spores d'un Agaric, par exemple, on place la plante sur du papier, de manière que l'hymenium regarde la feuille, et on l'abandonne ainsi quelques heures. Les spores se détachent, tombent sur le papier et s'y accumulent, en sorte que leur nombre est bientôt assez considérable pour que la teinte générale soit très nette.

Examinées au microscope, leur teinte propre est très affaiblie et les sortes à teintes pâles peuvent sembler tout à fait incolores, comme dans l'*Inocybe echinata*, par exemple.

D'ordinaire ce sont les enveloppes de la spore qui sont colorées : elles peuvent l'être toutes les deux ou seulement l'épispore.

Dans quelques *Russules*, les spores vues en masse ont une teinte jaunâtre : ici la coloration est produite par une huile colorée contenue dans l'intérieur, et les enveloppes sont bien réellement incolores. Quelques *Pleurotes*, dont les spores ont les enveloppes incolores, ont un contenu *rose vineux*.

Chez le *Lepiota pudica*, etc., les spores en masses sont blanches, tandis qu'au microscope elles paraissent *lilacines* par transparence : cette coloration est probablement l'effet d'un jeu de lumière particulier [1].

Nous devons encore signaler ici un fait curieux qui n'a pas encore reçu une explication suffisante. Si on maintient le chapeau d'un agaric dans sa position normale et à une certaine distance d'une feuille de papier, les spores se détachent et tombent comme nous l'avons indiqué plus haut, mais le diamètre de

[1] Dans le *Boletus Cyanescens* les spores sont normalement blanches, si on leur fait subir un léger froissement sous la lentille du microscope, elles prennent aussitôt une teinte accidentelle, manifestement bleue.

la portion circulaire du papier qui est recouverte par les spores est supérieur à celui de la face inférieure du champignon : il y a donc eu là non pas simplement une chûte des spores, mais bien une *projection* de ces organes par une force émanée de la baside ou du stérigmate.

Germination des spores. — La vie latente des spores devient active lorsqu'elles sont placées dans des conditions convenables. La germination n'a été observée que sur un nombre restreint d'Hyménomycètes. Beaucoup d'espèces restent rebelles à toutes les tentatives. Ces insuccès tiennent à l'ignorance dans laquelle on se trouve au sujet des conditions de milieu nécessaires. Toutes les spores réclament une certaine quantité de lumière, de chaleur et d'humidité ; dans certains cas, on peut obtenir la germination en plaçant les spores dans l'eau pure ; ailleurs, il faut que le liquide contienne divers corps organiques et minéraux, tels que du sucre, de la gomme, des acides, etc. Une autre cause d'insuccès est que beaucoup de spores ne peuvent germer qu'après être restées pendant un temps plus ou moins long à l'état de vie latente, c'est-à-dire qu'elles sont *chronispores*.

Dans les Hyménomycètes, la germination de la spore de la baside présente deux manières d'être absolument différentes : dans un cas, la spore émet directement un tube qui est le rudiment du nouveau mycelium ; dans l'autre cas, le tube émis par la spore se développe peu et donne bientôt naissance à une *spore secondaire* plus petite que la spore primitive.

Si on met dans une goutte de liquide nutritif la spore d'un *Coprin*, par exemple, on voit le travail germinatif commencer au bout de peu de temps : la spore se gonfle légèrement, les gouttelettes internes se divisent en parties plus petites et finissent par s'émulsionner complètement; bientôt l'endospore fait hernie au travers du pore germinatif et s'allonge en un tube qui bientôt se cloisonne et se ramifie; pendant ce temps, le protoplasma de la spore pénètre dans ce tube et se porte vers son extrémité, laissant vide la cavité de l'organe primitif (Pl. 1, fig. 32).

Ailleurs comme dans beaucoup de *Marasmes*, de *Mycènes*, de *Polypores*, de *Corticiums*, etc., les faits se passent de la même façon, seulement lorsque le tube mycelien a acquis une certaine longueur, il n'est pas rare de voir l'endospore déchirer la membrane externe à la base de la spore et émettre un second tube, toujours beaucoup plus court que le premier.

Dans les *Cyphelles*, la germination se fait le plus souvent comme dans les cas précédents, cependant nous avons vu dans *Cyphella alboviolascens* des tubes germinatifs partir de points quelconques de la spore. Du reste, il est probable que dans beaucoup de leucosporés, la membrane externe n'étant pas cuticularisée, la présence d'un pore germinatif devient inutile.

Le deuxième mode de germination de la spore s'observe dans beaucoup d'hétérobasidiés, tels que *Auricularia*, *Sebacina*, *Tremella*, *Exidia*, etc. (Pl. 4, fig. 13).

Prenons comme exemple les spores arquées d'*Auricularia mesenterica* : on les voit se gonfler et émettre en un point quelconque un très court prolongement, large à la base, effilé à l'extrémité qui se renfle pour former une sphère incolore, commencement de la spore secondaire qui ne tarde pas à s'allonger et à s'incurver comme la spore mère. Cette nouvelle spore se gorge de tout le protoplasma de la spore primitive. Le court filament mycelien qui relie les deux spores, est l'analogue de celui que produit la spore des *urédinés* et des *ustilaginés* et dans les deux cas il est désigné sous le nom de *promycelium*.

Dans l'*Auricularia sambucina*, les faits se passent de la même manière, seulement le promycelium atteint sept à huit fois la longueur de la spore mère. Dans quelques espèces (*Dacrymyces*, etc.) il arrive que la spore donne naissance directement au mycelium sans passer par la spore secondaire.

Cystides. — Les *cystides* sont des cellules stériles de l'hymenium qui accompagnent les basides et qui sont caractérisées par leurs dimensions considérables en largeur et en hauteur. On les trouve dans un grand nombre d'Hyménomycètes, les *Agaricinés*, les *Polypores*, *Bolets*, *Hydnes*, *Pistillaires*, etc. Leur présence n'est pas constante : certains genres en sont totalement dépourvus.

En général, les cystides paraissent de très bonne heure sur l'hymenium : dans beaucoup d'Agaricinés (*Pluteus*, *Coprinus*, etc.), on peut les observer bien développées, alors que les basides commencent à peine à montrer leurs stérigmates.

Dans quelques genres (*Inocybe*, etc.) la majorité des espèces est pourvue de cystides de forme caractéristique, il est curieux de voir dans ces genres des espèces privées de cystides à côté d'autres espèces extrêmement voisines où ces organes sont abondants.

Quelques espèces à croissance lente, semblent même pouvoir se rencontrer avec ou sans cystides, suivant leur âge ou la saison vernale ou automnale. Ainsi l'*I. nidulans* ne m'a jamais présenté de cystides dans les specimens que j'ai examiné au printemps et en été, bien que ces échantillons fussent en très bon état et parfaitement fertiles. D'un autre côté M. Boudier a observé à l'automne dans la même plante, des cystides arquées à parois épaissies et colorées.

Les cystides peuvent se rencontrer sur toute la surface de l'hymenium : les lames des Agarics se prêtent parfaitement à leur observation, on les voit isolées et placées à des distances à peu près égales les unes des autres; plus rarement elles sont groupées plusieurs entre elles; la tranche de la lame peut également en présenter. Il faut bien se garder de confondre les cystides avec les touffes de cellules renflées, incolores (*Inocybe*) ou gorgées de liquide coloré (*Leptonia serrulatus*), qu'on observe sur la tranche et qui ne sont que des hypertrophies de la trame de l'hyménophore.

Dans les Mycènes calodontes on en rencontre sur toute la surface des lames, mais elles sont remarquablement abondantes au voisinage de l'arète, et comme elles sont colorées, cette partie semble bordée par une ligne discolore.

La forme des cystides est extrêmement variable d'un genre à l'autre et quelquefois dans le même genre; cependant elle est suffisamment constante dans certains groupes pour servir de caractère distinctif (*Inocybe*, *Hymenochæte*).

Dans les *Amanites*, beaucoup de *Russules*, de *Lactaires*, de *Bolets*, les cystides ont la forme d'une *massue;* dans les *Collybia* ce sont de grandes cellules renflées vers le milieu et tronquées au sommet; les *Mycena* ont ces mêmes cellules aiguës à l'extrémité; les *Pleurotes*, quelques *Russules*, *Panaeolus*, *Galera*, etc. ont des cystides en forme de cellule ovoïde dont le sommet s'étire en une pointe qui se termine par une sphère de grosseur variable, qui contient parfois des dépôts d'oxalate de chaux dans son intérieur. Beaucoup de *Coprins*, de *Gomphidius* ont les cystides en forme de doigt de gant. Dans le genre *Pluteus* chaque espèce a une forme spéciale de cystide : dans *P. cervinus* une grosse cellule renflée au milieu s'étire en un long col à la partie supérieure, vers le sommet de ce col on voit quatre ou cinq branches aiguës, arquées et divergentes, formant des crochets (Pl. 2, fig. 19). Dans le *P. leoninus*, ces branches latérales n'existent pas, mais le col de la cystide est recourbé en crochet (Pl. 2, fig. 22). Dans *P. chrysophæus*, etc. les cystides sont arrondies au sommet : ailleurs ces organes ont d'autres configurations.

Dans les *Inocybes* la cystide est une grosse cellule renflée vers le milieu et à sommet tronqué : ce sommet est remarquable par la grande épaisseur de sa paroi qui est souvent rugueuse et hérissée de saillies de cellulose ou d'incrustations d'oxalate calcaire (Pl. 2, fig. 32).

Ces cystides hérissées se retrouvent avec des modifications de formes dans quelques *Pleurotes* et *Cantharellus* de Fries (Pl. 2, fig. 3).

Dans les *Gomphidius* elles sont revêtues d'une couche plus ou moins épaisse d'une matière cireuse (Pl. 2, fig. 43).

L'Hymenium des *Hymenochæte* examiné avec une forte loupe parait hérissé de pointes raides. Ces pointes sont formées par des cystides en forme de massue dont la partie supérieure est étirée en pointe aiguë. Leur paroi est très épaisse et colorée dans ses parties profondes seulement, la zône périphérique restant hyaline.

On observe des cystides de conformation analogue dans quelques *Fomes* (*F. fusco-purpureus*), *Poria* (*P. ferruginosa*), etc.

Quelques auteurs (W. Smith, Sicard) ont considérés les cystides comme étant des organes mâles émettant des corps mobiles, spermatiformes, qui viendraient opérer une fécondation tardive sur la baside. Mais rien n'est venu confirmer cette manière de voir, qui repose sur des observations inéxactes.

On a l'habitude de considérer les cystides comme étant le résultat de l'hypertrophie de la baside restée stérile : il est probable que dans quelques cas c'est en effet ce qui a lieu. Mais si on considère que le plus souvent les cystides émergent des parties profondes, bien en dessous des basides et qu'ils sont alors en connexion, non plus avec la couche sous hymeniale, mais bien avec le tissu fondamental lui-même, nous devons nous rattacher à la manière de voir exprimée par M. Boudier, qui pense que les cystides sont la terminaison de ramifications stériles, avortées.

En effet, dans divers *Hymenochæte* (*H. Mougeotii*) et *Poria* les cystides semblent continuer des hyphes volumineuses qu'on peut suivre très loin dans la masse cellulaire du champignon.

Dans certains *Corticium* on observe des cystides entièrement développées, faisant une longue saillie à la surface de l'hymenium ; à côté de celles-là on en trouve à tous les âges et à toutes les hauteurs en dessous de la surface hyménifère.

Quant au rôle des cystides, diverses explications ont été émises, plusieurs auteurs pensent qu'ils servent à l'épanouissement de l'hymenophore, dont ils font communiquer dans le jeune âge les différentes couches hyménifères entre elles. Mais si nous considérons que dans une foule de cas, c'est dans les cystides que viennent s'accumuler les résidus de l'épuration du protoplasma (oxalate de chaux, etc.), nous sommes amenés à penser que *les cystides jouent le rôle d'organes d'excrétion*.

On peut rencontrer les cystides ailleurs que dans l'hymenium : ainsi la surface du chapeau des *Androsaceus* porte en grand nombre des poils ayant exactement la forme des cystides de la même plante, ces organes y sont mélangés avec les cellules si curieuses, formant la couche externe de l'hyménophore. Au sommet du stipe de beaucoup d'*Agaricinés*, de

Bolets, etc., on rencontre également des cystides en abondance.

Paraphyses. — Les *paraphyses* sont des cellules, ordinairement plus grêles et plus courtes que les basides, qui forment le fond de l'hymenium. Elles sont incolores et remplies de protoplasma hyalin. Elles sont susceptibles de se développer et deviennent alors des basides et peut-être aussi des cystides.

Dans les genres *Tremella*, *Exidia*, etc. les paraphyses sont filiformes et acquièrent un développement en longueur considérable : elles dépassent de beaucoup les basides qu'elles recouvrent d'une masse gélatineuse ; les stérigmates sont obligés de s'allonger beaucoup afin de porter les spores à l'extérieur.

Pilosisme hyménial. — Outre les organes, dont il vient d'être question, on peut trouver sur l'hymenium des groupes de cellules d'origines diverses.

Dans les *Pleurotus ostreatus*, *Paxillus involutus*, etc. on peut observer à la surface des lames, des ilots pileux d'apparence glanduleuse. Ces ilots sont produits par les éléments hyméniens, qui se sont allongés outre mesure sous l'action continue de l'humidité, ou par suite de l'excitation produite par la piqûre de quelques insectes.

Dans beaucoup d'Agaricinés les cellules de la tranche des lames peuvent se prolonger en poils sous l'action de l'humidité. Dans le *Mycena corticola* ces cellules sont renflées à leur extrémité, et émettent sur cette sphérule un grand nombre de pointes qui leur donnent un aspect hérissé.

Dans *Cyphella albo-violascens*, la trame de l'hyménophore se prolifère au travers de l'hymenium et donne naissance à des touffes de poils incolores, rugueux, semblables à ceux qui entourent la cupule.

Quelquefois du milieu de touffes de poils s'élève une nouvelle surface hyménifère fertile[1]. Dans le voisinage de ces touffes. les cellules hyméniales s'allongent et tendent à s'hypertrophier.

L'*Hypochnus typhæ*, qui se rencontre à la base des feuilles mortes ou mourantes de *Typha*, *Carex* et *Juncus* divers, paraît à la loupe parsemé de pointes blanches. Ces pointes sont formées par des touffes de filaments grêles, pluricellulaires et accolés qui partant de la trame font hernie au travers de la couche fructifère et lui donne à l'œil nu un aspect farineux.

Chez les Polypores subéreux, dont la végétation présente des stades de repos et d'activité, tels que *Fomes nigricans*, *Fomes fomentarius*, etc., on voit après l'émission des spores, la partie inférieure des tubes se couvrir d'un fin duvet qui est produit par le développement de la trame ; peu à peu, ce duvet oblitère l'ouverture des pores et forme un nouveau lacis d'hyphes qui, à son tour, produira des tubes qui seront sur le prolongement des anciens.

Dans le *Doedalea quercina*, il se forme, non plus directement des tubes, mais une nouvelle trame d'hyménophore, qui peut atteindre une épaisseur de plusieurs centimètres avant de donner naissance à une nouvelle couche hyméniale.

LOCALISATION DE L'HYMENIUM. — Dans les divers groupes de Basidiosporés ectobasides, l'hymenium prend des aspects variables qui ont servi de caractères pour la classification. Ainsi il est étendu sur :

des *lames rayonnantes* dans les Agarics, Coprins, Lenzites, etc.,

des *plis* dans les Chanterelles, Mérules, etc.,

[1] Dans quelques *Discomycètes*, tels que *Tapezia aurelia*, nous avons observé des proliférations semblables.

des *pores* dans les Bolets, les Polypores, etc.

des *pointes* dans les Hydnes, etc.

Sur une *surface lisse* dans les Clavaires. Corticium, etc.

Ces différentes dispositions sont très tranchées à la tête de chaque série, mais les types dégradés montrent tous les passages d'une forme à l'autre.

Entre les lames des Agarics nous voyons se produire des veinules qui les réunissent les unes aux autres ; ces veinules se développent beaucoup dans quelques *Pleurotus*, *Paxillus* et donnent à l'hymenium un aspect poreux, qui nous rappelle celui de plusieurs bolets où la formation lamellaire primitive est encore très marquée.

Quelques *Lenzites* ont des lames continues, dans d'autres elles sont poriformes à la base de la plante et peuvent même être remplacées entièrement par des pores dans quelques formes de *L. tricolor* (*Doedalea cerasi* Schulzer).

Ces lames de Lenzites peuvent s'interrompre, se couper de distance en distance, en passer à la forme *Irpex* d'abord, puis à la forme *Hydnum*.

Quelques types inférieurs de *Marasmes* diminuent le nombre de leurs lames, quelques *Omphalia* (*O. gibba*) les perdent même tout-à-fait et nous offrent exactement l'aspect de l'hymenium d'un *Craterellus* qui lui-même, reprenant quelques veines ou plis, passe ainsi à l'état de *Cantharellus*[1].

L'hymenium lisse des *Corticium* peut porter des verrues qui le font passer à l'état de *Radulum* ou de *Grandinia*.

Quelle que soit sa configuration, l'hymenium est ordinairement tourné vers la terre. Aussi a-t-on cherché à expliquer ce fait en l'attribuant à une in-

[1] Ces formes dégradées dans lesquelles l'hymenium a perdu ses lames, étaient rangées par Persoon (*Mycol. Europ.*), dans son genre *Perona*.

fluence géotropique. Diverses observations semblent, en effet, indiquer cette action de la terre sur l'hymenium. Lorsque des Agarics croissent à la face inférieure de poutres, on les voit diriger leur stipe en bas, mais dès que le chapeau a pris un développement suffisant, le stipe se recourbe de telle sorte que l'hymenium soit infère.

Citons encore l'expérience suivante : un *Panæolus sphinctrinus* ayant déjà développé et entr'ouvert son chapeau dans la position normale, a été déraciné et posé sur la terre de façon que les lames soient horizontales ; au bout de peu d'heures le stipe s'est recourbé à angle droit pour que le chapeau prenne sa situation naturelle.

Lorsque le champignon est privé de stipe, tel que les *Poria*, et appliqué latéralement sur un tronc, les pores ne se forment pas complètement : ils sont réduits à de simples cannelures qui descendent verticalement le long du stratum.

Les *Cyphelles* recourbent leur cupule pour en diriger l'ouverture vers la terre, et sont par cela même presque toujours inéquilatérales.

Si dans les exemples précédents le géotropisme paraît indispensable, il est des cas où son action ne peut pas s'exercer à cause de la forme ou de la situation de la plante et cependant l'hymenium se développe parfaitement.

En règle générale l'hymenium est disposé de telle sorte que ses éléments sont placés horizontalement.

Les *Clavaires* sont dressées et l'hymenium est sur leur pourtour. Beaucoup d'Agarics présentent une monstruosité dite *hymenium inverse*, dans laquelle le champignon possède, outre ses lames à la partie inférieure, un hymenium lamelleux supplémentaire, placé à la face supérieure du chapeau et regardant le ciel ; or, cet hymenium supère est parfaitement fertile sans que la plante ait cherché à le retourner vers le sol.

Nous avons observé sur le *Leptoporus albus* une monstruosité qui présente à la fois un hymenium dirigé en haut et un dirigé en bas. La plante avait dans l'épaisseur du chapeau une cavité ; à la face supérieure de cette cavité étaient suspendus des tubes fertiles, sur la face inférieure se dressaient des *pointes* recouvertes d'une couche sporifère : les parties latérales de la cavité étaient lisses et également fructifères.

Nous voyons par là que l'hymenium se développe sur les points les plus différents et dans toutes les positions, aussi devons-nous attribuer son développement ou son absence non plus à une influence terrestre, mais à l'action des agents extérieurs. En effet, toutes les hyphes étant identiques dans leurs propriétés, toutes doivent, en théorie, pouvoir se terminer par une baside, et lorsque ce fait n'a pas lieu, c'est que les conditions de milieu n'ont pas été également bonnes pour toutes.

La chaleur, l'humidité, l'air et la lumière sont les agents qui influencent la plante. Un excès ou une diminution de l'un ou de l'autre, frappant telle ou telle partie du champignon, amènera sa stérilité. Ainsi la face supérieure du chapeau des Agarics, Bolets, Polypores, étant exposée à une lumière vive, à des lavages fréquents par l'eau de pluie, ou à l'action directe des rayons solaires, est ordinairement stérile. Cependant, dans le cas des hymeniums inverses, ces forces n'ont pas une action suffisante pour empêcher quelques hyphes de devenir fertiles. Certaines Cyphelles, placées à la face supérieure des souches, peuvent devenir fertiles grâce à l'abri apporté par les corps voisins ; mais lorsque cet abri est insuffisant, nous voyons le *Cyphella albo-violascens* avorter en partie et produire simplement des poils identiques à ceux de la face externe.

Sous l'abri protecteur du chapeau, la face inférieure

se transforme en un hymenium dont elle multiplie la surface en produisant des lames, des pores ou des pointes. Mais au chapeau seul n'est pas dévolue la fonction d'organe sporifère. Les hyphes du sommet du stipe dans la partie abritée par le chapeau peuvent devenir fertiles. Si on étudie un jeune *Boletus edulis*, on voit que, dans cette espèce, le stipe est renflé et que le chapeau s'applique directement sur une grande surface au sommet du pédoncule. Or, on observe sur cette surface abritée un réseau de tubes courts, plus larges que les tubes normaux : *ce réseau est déjà pourvu de basides à quatre spores* longtemps avant que l'hymenium normal ait atteint son développement parfait.

Ailleurs, le stipe étant moins protégé, il porte seulement des *cystides* à son sommet.

Les stries du sommet du pédoncule de beaucoup d'Agarics sont également couvertes d'un hymenium de moins en moins fertile à mesure qu'on s'éloigne de la zône abritée par le chapeau.

Lorsque l'hymenium a été accidentellement détruit, il peut se reformer, si les conditions de milieu n'ont pas changées. Ainsi, nous avons observé un *Trametes campestris* dont l'hymenium avait été dévoré par des limaces, or, au bout de quelques jours, la plante avait de nouveau formé des pores sur l'emplacement des anciens.

On peut réaliser directement l'hymenium sur des points où cet organe ne se développe pas habituellement. Un *Placodes betulinus* a été coupé verticalement de manière à partager le chapeau en deux parties semblables qu'on avait laissées attachées au stipe et remises en contact l'une avec l'autre. Or, en trois jours, ces deux parties s'étaient complètement soudées, grâce à la plasticité des éléments. Après avoir de nouveau tranché le champignon en deux parties, nous les avons placées à l'air humide de telle sorte que les parties mises à nu regardent le ciel. La plante ainsi disposée a continué à végéter et, au bout d'environ quinze jours, une couche de pores identiques à ceux de la face inférieure, s'est montrée sur la partie tranchée.

Nous avons observé la même production d'hymenium sur le *Inonotus alutaceus* : ici les pores supplémentaires se sont développés à la face supérieure du chapeau, ainsi que sur toute la partie par laquelle le champignon était inséré à l'arbre.

Lorsqu'on retourne le tronc, auquel est attaché le *Coriolus versicolor*, de façon que l'hymenium regarde le ciel, celui-ci devient bientôt stérile, les pores s'oblitèrent et leurs hyphes prennent une teinte violacée semblable à celle de la face supérieure. D'un autre côté, la plante ne développe pas de spores sur la face supérieure devenue inférieure à cause de la cuticularisation préalable des éléments, mais la plante produit un nouveau chapeau dans l'intérieur du premier, de manière que ce chapeau secondaire soit placé dans la position normale.

Vient-on à déchirer un Agaric dont la pellicule du réceptacle est colorée, le *Tricholoma rutilans*, par exemple, la partie mise à nu, qui dans le cas actuel est de couleur jaune, ne tarde pas à prendre la teinte normale de la pellicule, c'est-à-dire à devenir rouge dans l'exemple choisi.

Les considérations qui précèdent nous amènent à dire qu'*un Hyménomycète est constitué par une association d'individualités appelées* HYPHES, *toutes susceptibles de donner une baside sporifère, mais dont un grand nombre jouent un rôle purement protecteur pour permettre à l'ensemble (qui constitue le champignon) de développer ses organes reproducteurs ou spores.*

Chapitre VI.

ORGANES SECONDAIRES DE REPRODUCTION DES HYMÉNOMYCETES.

Outre le mode de reproduction normal par les spores des basides, les Hyménomycètes possèdent d'autres organes susceptibles de germer. Pendant longtemps on a ignoré et même nié leur présence, mais aujourd'hui leur existence est mise hors de doute à la suite des recherches déjà anciennes de Tulasne, et de celles plus récentes de MM. de Seynes, Van-Tieghem, Brefeld, etc. Nous-mêmes avons été assez heureux pour en rencontrer sur plusieurs champignons appartenant à des groupes très différents.

La présence d'organes multiples de reproduction est un trait de plus qui lie les Hyménomycètes aux Thécasporés qui en sont abondamment pourvus.

Ces organes accessoires rentrent dans le groupe des *Conidies;* ils peuvent être volumineux (*macroconidies*) ou minuscules et spermatiformes (*microconidies*), et croissent sur des parties de la plante plus ou moins spécialisées.

Ainsi on les trouve :

sur des plantes isolées .. { *Ptychogaster albus, P. aurantiacus, Pistillaria rosella, P. bulbosa, Helicobasidium purpureum.*

sur le mycelium et sont.	apicales : *Agaricus, Coprinus, Cyphella, Solenia* secondaires : *Auricularia, Sebacina, Tremella.*
sur des poils du réceptacle	*Pleurotus, ostreatus, Pleurotus cratellus, Coriolus versicolor,* *Fomes nigricans, Ganoderma appla-* etc. *atunm,*
dans l'épaisseur des tissus (*conidies angiogastres*).	*Fistulina, Cladomeris sulfurea, Trametes rubescens* *Colocera cornea, Cyphella amorpha, Hydnum erinaceum*, etc.

D'ordinaire l'apparition des conidies précède celle des basides et quelquefois le champignon ne produit pas d'autre appareil reproducteur. Dans d'autres cas les deux formes paraissent simultanément sans que l'une d'elle nuise en rien au développement de l'autre.

Quelles sont les fonctions que doivent remplir les conidies des Hyménomycètes? Leur rôle est encore très obscur et nous en sommes réduits à peu près à des hypothèses. Les conidies mycéliennes, appartenant toutes à des espèces éphémères, paraissent apporter au mycelium, par leur germination immédiate, une nouvelle activité destinée à augmenter encore la rapidité de l'évolution de l'individu. Au contraire, les conidies angiogastres, qui naissent dans les tissus d'espèces à développement lent, ne germant en général qu'après une longue période de repos, pourraient servir à permettre à la plante d'attendre qu'un substratum convenable se présente et la préserver de disparition lorsque les basidiospores ont depuis longtemps perdu leur faculté germinative.

Les spores des basides représentant le mode normal de fructification, on peut considérer les conidies comme de simples bourgeonnements du végétal pouvant s'isoler et reproduire la plante à la façon des *bulbilles* des phanérogames.

Nous allons passer en revue les différentes formes conidiales que présentent les diverses familles d'Hyménomycètes que nous aurons à étudier dans la deuxième partie de cet ouvrage.

Conidies chez les Agaricinés. — On a observé sur le mycelium, chez un certain nombre d'*Agarics* et de *Coprins*, des conidies très petites en forme de batonnets, qui naissent par voie endogène sur des arbuscules particuliers. Suivant les espèces, ces arbuscules portent à l'extrémité de leurs rameaux les conidies isolées, réunies en bouquets ou placées bout à bout et formant de longs filaments pouvant se désarticuler. Ces conidies mycéliennes ont été considérées pendant quelque temps comme des organes mâles, mais M. Van Tieghem a réussi à les faire germer et a vu qu'elles produisaient un mycelium analogue à celui de la basidiospore.

Lorsque le *Pleurotus ostreatus* croit dans des conditions défavorables à son parfait développement, son stipe et son chapeau se recouvrent d'une villosité abondante formée de poils délicats, hyalins, simples ou rameux. Il est alors fréquent d'observer sur ces poils des conidies ovoïdes, incolores, portées sur un court stérigmate, ayant un contenu granuleux ou une gouttelette réfringente au centre. Ces conidies sont placées latéralement ou à l'extrémité des poils (Pl. II, fig. 1).

Dans le *Pleurotus craterellus*[1] le stipe est représenté par un petit tubercule placé au centre du chapeau et autour duquel viennent aboutir les lames ; ce tubercule est couvert d'une touffe de poils dont la plupart sont conidifères (Pl. I fig. 8). L'extrémité de ces poils ou la terminaison de leurs ramifications se renfle, puis s'isole par une cloison, donnant naissance

[1] N. Pat. loc. cit. n° 6.

à une conidie qui peut se détacher. On peut observer deux, trois ou un grand nombre de ces conidies, nées côte à côte à l'extrémité d'un même filament.

A la surface du chapeau de certains *Russula* on trouve quelquefois des basides fertiles, mêlées aux cellules de la pellicule et qui portent des spores identiques à celles de l'hymenium.

Nous avons vu également dans la pellicule du chapeau de quelques *Marasmius* des cellules dont la forme ressemblait à celle des basides et qui comme ces dernières portaient deux ou quatre protubérances simulant des stérigmates, mais nous n'avons jamais pu trouver de spores sur ces cellules modifiées.

CONIDIES CHEZ LES POLYPORÉS. — Le *Ptychogaster albus*, longtemps considéré comme espèce autonome, a été rattaché aux Hyménomycètes depuis les travaux de Tulasne d'abord et de M. Cornu ensuite; les conidies y sont renfermées dans des filaments à bords nets et bien définis, qui, plus tard, se transforment en une sorte de gelée, laquelle, disparaissant, laisse les conidies libres dans la masse. Il est probable que plusieurs champignons ont des appareils conidifères analogues qui ont été confondus entre eux sous la dénomination de *Ptychogaster albus*. M. Cornu rapporte cette plante au *Leptoporus borealis* ou peut-être au *Leptoporus fragilis*. Plus récemment, M. Richon, comparant la manière d'être de ces conidies intracellulaires avec celles qu'il a découvertes dans les hyphes de l'*Hydnum erinaceum*, tend à assimiler le Ptychogaster à un Hydne. Cependant, on a observé plusieurs fois des pores sur les échantillons de Ptychogaster, aussi pensons-nous que cette production doit se rattacher à une polyporée [1].

[1] Les organismes conidifères, désignés sous le nom de *Pilacre*, ont été également rapportés aux Polyporés, mais leur grande analogie de

Nous avons décrit ailleurs[1], sous le nom de *Ptychogaster aurantiacus*, une production analogue croissant sur les vieux troncs de chênes. Cette végétation est de la grosseur d'une noix et d'une couleur orangée: à la coupe elle montre un tissu rayonnant formé de gros filaments rameux et septés (Pl. 3, fig. 17); ces filaments se terminent par de grosses conidies hyalines, isolées ou placées bout à bout. Ici les conidies se forment par voie endogène, mais ne sont pas contenues dans l'intérieur même des hyphes. Jusqu'ici il ne nous a pas été possible de déterminer l'espèce dont dérive cette production, mais sa consistance et sa structure font penser à certains polypores ou même au *Dœdalea quercina*.

Le *Trametes rubescens* nous a montré dans la masse du chapeau au voisinage de l'hymenium, des filaments grêles, hyalins, avec ou sans cloisons, plus ou moins rameux, dichotomes, dont les extrémités étaient conidifères. Ces conidies ont une forme analogue à celles du *Ptychogaster aurantiacus* (Pl. 3, fig. 24), elles sont isolées à l'extrémité des filaments, ou placées en files de deux, ou encore par bouquets de 3-4. Elles sont incolores, ovoïdes, beaucoup plus grosses que les basidiospores; leur contenu est granuleux ou montre une gouttelette centrale très réfringente. Leur paroi est formée de deux enveloppes dont l'extérieur paraît appartenir au filament conidifère lui-même. Nous avons rencontré plusieurs fois des specimens de *Trametes rubescens* dans lesquels l'hymenium normal avait totalement avorté et dont le tissu était rempli de ces arbuscules conidifères.

M. De Seynes a montré que l'épaisse couche mu-

constitution avec les Ascomycètes porte à croire que les Pilacre doivent plutôt se rattacher à cette dernière classe.

[1] *Revue Mycologique* et *Tabulae* n° 458.

queuse qui recouvre le chapeau du *Fistulina hepatica* est entièrement formée de filaments gélatineux, plus ou moins ramifiés et qui portent à leur extrémité des bouquets de conidies colorées, qui sont plus grandes et plus irrégulières que les spores des basides. La germination de ces organes a été observée par le même auteur : elle n'a lieu qu'après une période de repos considérable (Pl. 3, fig. 25).

Le tissu du chapeau de *Cladomeris sulfurea* a présenté au même auteur des conidies *endocarpes* analogues à celles du *Fistulina*. En 1884, dans le *Bulletin de la Société Botanique de France*, M. de Seynes a signalé des conidies *mycéliennes* sur un specimen de la même plante croissant sur le tronc d'un chataigner. Le mycelium s'étend dans l'intérieur des cellules ligneuses, ses filaments se renflent à l'extrémité et donnent naissance à une conidie de grandeur assez constante, munie d'une gouttelette au centre, et qui s'isole très facilement du mycelium.

Dans *Coriolus versicolor* l'appareil conidifère se substitue aux basides dans l'hymenium lui-même. C'est surtout au printemps qu'on observe ce mode de fructification sur les specimens ayant passé l'hiver et qui commencent à bourgeonner : au lieu d'un chapeau on voit se développer une masse fibreuse, informe[1], incrustant les herbes voisines, et couverte de larges pores fimbriés à l'orifice; l'hymenium de ces pores est formé de cellules longues et grêles, sans cloison, portant latéralement ou à leur extrémité des conidies ovoïdes, incolores, munies d'un stérigmate plus ou moins allongé (Pl. 3, fig. 22).

Dans la 2e partie des *Symbolæ Mycologicæ* p. 87 Fuckel décrit son *Polyporus metamorphosus*. Le premier état de cette plante serait constitué par des

[1] N. Pat. loc. cit. nº 143.

pulvinules de très petites dimensions qui se couvriraient de conidies lisses, jaunes formant comme une poussière à la surface du petit végétal. Ces pulvinules ne tardent pas à être remplacés par la forme basidifère qui a des spores incolores.

A la face supérieure du chapeau de plusieurs *Fomes* (*F. nigricans*, *F. igniarius*, *F. fomentarius*), on rencontre en grande abondance des spores isolées, analogues à celles de l'hymenium, qui doivent rentrer dans la catégorie des spores adventives ou conidies, car bien que nous n'ayons pu jusqu'ici observer leur développement ni leur point d'attache, leur présence constante sur des individus provenant de localités les plus diverses et récoltés loin de la présence d'échantillons de la même espèce qui auraient pu envoyer leurs spores sur les voisins, nous font penser que ces spores superficielles sont nées à la place même où le microscope décèle leur présence.

Un fait analogue se rencontre dans le *Ganoderma applanatum* dont le chapeau porte d'une manière constante, une couche épaisse de spores jaunes échinulées, semblables à celles des basides. Si on essuie avec un linge rude la croute du chapeau, au bout de peu de jours la couche de conidies a reparu avec la même intensité qu'auparavant [1].

[1] Nous pensons qu'il est utile d'introduire ici la description d'une nouvelle espèce exotique, croissant à la base du tronc des gommiers aux environs d'Obock. Cette espèce présente une grande analogie avec celles du genre *Ganoderma*, par ses spores identiques, la croûte qui recouvre son chapeau et aussi par des conidies fort curieuses. L'hymenium dans cette espèce est formé de pores réunis en une couche distincte de l'hyménophore, il donne naissance à des spores d'une couleur fauve ochracée, ovoïdes, échinulées et montrant une large gouttelette centrale. La substance du chapeau est extrêmement légère et a une structure des plus remarquables : si on pratique une section normale au chapeau, le tissu mis à nu montre un grand nombre de *stries divergentes*, d'un brun foncé tranchant sur un fond pâle, elles partent de la partie inférieure de la

Conidies chez les hydnés. — M. Richon a décrit dans le *Bulletin de la Société Botanique* de France, un très curieux appareil conidifère situé dans l'épaisseur du tissu du *Dryodon erinaceum*. Des conidies ovoïdes ou baculiformes, à plusieurs vacuoles, sont libres et disposées par séries dans l'intérieur de filaments, à la manière de celles du *Ptychogaster albus*, avec cette différence que dans ce dernier elles sont séparées par des cloisons, tandis que dans l'hydne il n'en existe aucune. Les parois des filaments se gélifient et mettent ainsi en liberté les conidies.

Conidies chez les théléphorés. — Lorsqu'on étudie au microscope la texture de *Cyphella amorpha*, on observe parmi les éléments de l'hymenium, des filaments rameux, dichotomes, incolores et contenant des granules protoplasmiques colorées en rouge, cloisonnées

plante et aboutissent les unes à la face supérieure directement, les autres, en s'incurvant, se terminent à la région en contact avec l'hymenium. Si au contraire, on fait dans le tissu une section qui soit perpendiculaire à la précédente, on voit alors chacune des stries brunes former *un point* de la même couleur sur le fond blanchâtre. Au microscope, la partie blanchâtre est composée d'hyphes à parois très épaisses formant un tissu lâche. Ce tissu est creusé de *longs canaux* divergents entièrement remplis de grosses conidies sphériques, échinulées, à parois épaisses, ressemblant à s'y méprendre à certaines spores d'*uredo* : c'est la masse de ces conidies qui donne aux canaux qui les renferment la couleur brune avec laquelle ils nous apparaissent. Voici la diagnose de cette nouvelle espèce :

Ganoderma Obockense sp. nov. — Chapeau épais, couvert d'une croûte glabre, jaune orangée ; marge arrondie. Chair peu consistante, sèche, couleur d'ombre pâle, jaunâtre sous la croûte, longuement striée par les tubes conidifères qui sont concolores au tissu, mais d'une teinte beaucoup plus foncée. Conidies sphériques, grandes (20 — 30 μ) échinulées, ochracées fauves, très abondantes. Pores pâles, petits, entiers. Spores rousses, oblongues, asperulées, à une gouttelette (20 × 10 — 12 μ).

Habite à la base du tronc des gommiers (*Mimosa*) aux environs d'Obock.

Il est probable qu'un examen attentif fera découvrir des productions analogues dans le tissu des *G. lucidum* et *G. applanatum* qui sont très voisins de *G. obockense*.

aux ramifications et se terminant par des files de 1-3 ou par des bouquets de 2-5 conidies à granulations rouges (Pl. 4, fig. 1). Cette observation a été indiquée pour la première fois par M. Richon (*Bull. Bot. Fr.* 1877, p. 150); nous l'avons répétée plusieurs fois sur des specimens de provenances diverses.

Tulasne signale de nombreuses conidies sur le mycelium d'un *Cyphelle muscicole*.

Fuckel indique également des spores ovales sur le mycelium superficiel qui s'étend entre les cupules de *Solenia caulium*.

Le même auteur indique l'*Aegerita candida* Pers. comme étant la forme initiale de *Corticium lacteum*.

L'*Hypochnus anthochrous* qui forme des plaques pulvérulentes sur les tiges mortes de *Rubus* n'est que rarement basidifère. D'ordinaire l'hymenium est formé de cellules ventrues étirées en pointe au sommet et qui portent une grosse conidie ovoïde, légèrement colorée [1], bien distincte de la basidiospore qui est petite, incolore et qui nait sur des basides à quatre stérigmates. [2]

Une espèce voisine qui croît sur le tronc de l'*érable*, l'*Hypochnus acerinus*, nous a offert également de grosses conidies incolores, très semblables aux précédentes et comme elles portées une par une sur des cellules spéciales. Les basidiospores de cette plante sont encore inconnues.

Enfin doit rapporter aux formes conidifères des Théléphorés, une production qui a été classée souvent dans les Hydnés, mais dont la place est au voisinage du genre *Corticium*, nous voulons parler du *Kneiffia setigera*. Cette plante de forme et de grandeur très

1 Tabulae n° 25.

2 Dans cette plante les stérigmates sont quelquefois séparés de la cellule basilaire par une cloison.

variable à une grosse conidie portée sur une cellule monospore, comme cela arrive dans les *Hypochnus* ; sa basidiospore n'a pas encore été observée.

Conidies chez les Clavariés. — Nous avons reconnu la présence de conidies dans trois espèces de Clavariés : *Pterula multifida*, *Pistillaria rosella* et *Pistillaria bulbosa*.

Le *Pterula multifida* montre sur sa surface hyménifère, outre des basides bi- ou tétraspores et des cystides aigus au sommet, des cellules analogues aux paraphyses, dont la partie supérieure est alternativement renflée et étranglée ; à chaque étranglement il se produit une cloison et on a ainsi trois ou quatre articles qui peuvent se séparer (Pl. 4, fig. 7).

L'appareil conidifère de *Pistillaria rosella* se présente à l'œil nu sous la forme d'un petit tubercule brun, mou, mélangé aux réceptacles basidifères[1]. Ce tubercule est formé de filaments grêles, articulés, divergents, terminés chacun par une grosse conidie ovoïde (Pl. 4, fig. 3). Nous avons également observé ces conidies sur la clavule même.

Suivant les conditions dans lesquelles il se trouve placé, le sclérote de *Pistillaria bulbosa* donne naissance à une clavule basidifère ou à un réceptacle à conidies[2]. Ce réceptacle a la forme d'une petite cupule pezizoïde, sessile ou courtement stipitée, portant une épaisse couche de batonnets à deux ou trois cloisons (Pl. 4, fig. 5) ; ces batonnets se désarticulent et donnent des conidies cylindriques, hyalines ou à 4-5 gouttelettes. Leur germination a lieu immédiatement : un filament mycélien prend naissance à chaque extrémité, ou à la partie moyenne et alors les extrémités

[1] Tabulæ n° 53.

[2] loc. cit. n° 473.

se renflent en même temps qu'il se produit deux cloisons transversales.

. . . .

CONIDIES CHEZ LES HÉTÉROBASIDIÉS. — Dans ce grand groupe d'Hyménomycètes les conidies sont de deux sortes : Dans quelques genres elles se trouvent sur le réceptacle lui-même, dans d'autres elles sont un produit immédiat de la germination de la spore.

Dans le *Calocera cornea*[1] on trouve mélangés aux cellules de l'hymenium, des arbuscules, rameux par dichotomies, portant des bouquets de conidies très petites, ovoïdes et incolores (Pl. 4, fig. 10).

L'état parfait de l'*Helicobasidium purpureum* est précédé d'un premier état conidifère. Dès le printemps l'hymenium de la plante porte de longs stylets hyalins qui se terminent par des conidies ovoïdes de dimensions variables ; ce n'est que beaucoup plus tard que cet état est remplacé par les basides circinées (Pl. 4, fig. 6).

La masse gélatineuse qui occupe l'intérieur de la cupule de l'*Ombrophila rubella* est entièrement formée de filaments, dont les ramifications sont d'ordinaire opposés deux à deux ou verticillés par trois ; chaque ramification se termine par un bouquet de 6-8 conidies, cylindriques et arquées (Pl. 4, fig. 9).[2]

Dans les genres *Sebacina* (Pl. 4, fig. 13), *Tremella*, *Auricularia*, etc., la basidiospore en germant peut donner naissance soit à de longs filaments myçéliens, soit à un très court prolongement qui se termine bientôt par une conidie de même forme que la spore mère ; dans ce dernier cas le filament qui réunit les deux organes est désigné sous le nom de *promycelium*.

[1] loc. cit. n° 156.

[2] L'*Omb. violacea* présente à la fois des basides cloisonnées comme celles des *Tremelles* et un appareil conidifère identique à celui de *O. rubella*.

Le genre *Dacrymyces*, dont les basidiospores sont cloisonnées, donne lieu à des germinations analogues; seulement il naît un filament mycélien ou un promycelium très court, de chaque segment de la spore.

Dans ce même genre on observe un état privé de basides et présentant de longs filaments pouvant se désarticuler en conidies.

Chapitre VII.

FORMATION DU RÉCEPTACLE ET AFFINITÉS DU GROUPE.

Lorsque les spores des Hyménomycètes germent, elles donnent naissance aux premiers filaments du mycelium ; ces filaments tirent bientôt leur nourriture du sol environnant et continuent à se développer : ils s'allongent, se ramifient, se cloisonnent, s'anastomosent entre eux et forment la partie végétative de la plante. Dans les quelques cas qui ont pu être observés, on voit se développer sur un point de ce mycelium, une grosse cellule ou *macrocyste* gorgée de protoplasma granuleux. Bientôt cette macrocyste bourgeonne sur toute sa surface et forme un feutrage d'hyphe qui est le rudiment du réceptacle.

Cette grosse cellule initiale, macrocyste ou *carpogone* a été observée pa plusieurs savants : Oersted l'indique sur l'*Agaricus campestris*, M. de Seynes sur le *Lepiota cæpestipes*, M. Van-Tieghem sur les *Coprins*, nous l'avons rencontrée également sur le mycelium du *Lactarius subdulcis* et de *Cyphella albo-violasceus*.

On a comparé le carpogone à un organe femelle semblable à l'*ascogone* ou *scolécite* des Thécasporés, mais ici on n'a pas vu d'organe comparable à ce qu'a indiqué Tulasne comme anthéridie. On a supposé que ce carpogone était fécondé par des spermaties issues de l'appareil mycélien ; mais les recherches de M. Van-Tieghem ont montrées que ces prétendues spermaties étaient simplement des microconidies qui ne jouaient aucun rôle dans la fécondation.

Dans l'état actuel de la science, le phénomène de la fécondation chez les basidomycètes n'a pas encore été observé, mais nous ne pouvons pas conclure de là que ces seuls végétaux échapperaient à la loi commune. Il est probable que toutes les phases de leur développement ne sont pas exactement connues et que la fécondation existe chez eux comme chez tous les êtres vivants.

Les Hyménomycètes touchent de près ou de loin à divers groupes de champignons.

Les *Gastéromycètes* sont ceux qui s'en rapprochent le plus : leurs spores sont également portées sur des basides et leurs enveloppes propres correspondent à la volva et à l'anneau des Hyménomycètes. La différence essentielle entre les deux groupes réside dans la localisation de l'hymenium : il est en contact avec l'air ambiant dans les uns et renfermé dans la cavité du peridium dans les autres.

Nous avons vu que comme les *Ascomycètes* beaucoup de nos champignons ont des états conidifères, semblables aux pycnides et spermaties.

Enfin la présence d'un promycelium et la consistance gélatineuse de plusieurs hétérobasidiés, établissent un passage naturel avec les *Urédinés* et les *Ustilaginés*.

DEUXIÈME PARTIE.

CLASSIFICATION.

CHAPITRE VIII.

DISPOSITION GÉNÉRALE DE LA DIVISION EN SOUS-CLASSES, FAMILLES ET GENRES.

CLASSE DES HYMÉNOMYCÈTES Fr.

(*Hymenothecii* Pers. pr. p. — *Hyméniés* Quel.)

Champignons pourvus d'un *hymenium externe* constitué par des *basides*. Spores portées une par une sur des stérigmates.

Les Hyménomycètes se divisent naturellement en deux sous-classes d'après la forme de la baside :

baside unicellulaire .... Sous-Classe I ... *Homobasidiés*.
baside pluricellulaire... Sous-Classe II... *Hétérobasidiés*.

SOUS-CLASSE I. — HOMOBASIDIÉS.

Hyménomycètes de forme et de consistance variable, caractérisés par des basides toujours formées par une cellule unique dont la forme est plus ou moins ovoïde, globuleuse ou allongée. Les spores en germant donnent directement le mycelium.

Division des homobasidiés en familles.

A. Hymenium infère.

Placé sur des lames molles, scissiles, rayonnantes, distinctes ou anastomosées en pores.
Famille 1 . . . . *Agaricinés.*

Placé sur des lames ligneuses, ou des pores non séparables de l'hyménophore.
Famille 2 . . . . *Polyporés.*

Placé sur des pointes, des lamellules inordinées, des crêtes, des verrues ou des granules.
Famille 3 . . . . *Hydnés.*

Placé sur une surface lisse . . . .
Famille 4 . . . . *Théléphorés.*

B. Hymenium amphigène.

Plantes dressées, simples ou rameuses . . . .
Famille 5 . . . . *Clavariés.*

FAMILLE DES AGARICINÉS.

Hyménomycètes charnus, putrescents ou cartilagineux, coriaces, terrestres ou épiphytes, entourés dans leur jeune âge par un voile général persistant ou fugace. Hymenium infère, sur des lames rayonnantes, des plis ou des pores d'origine lamelleuse. Basides ayant de 2 à 8 stérigmates.

On les divise en quatre tribus d'après la forme des lames :

Lames à tranche aiguë . . Tribu des *Agaricés.*
Lames pliciformes . . . . Tribu des *Canthareliés.*
Lames molles, anastomosées à la base, séparables du chapeau ; spores jaunes . Tribu des *Paxillés.*

Lames entièrement anastomosées et formant une couche poreuse, molle, séparable du chapeau . . . . . . Tribu des *Boletés*.

TRIBU DES AGARICÉS.

Agaricinés à lames membraneuses, à tranche aiguë et à spores variables de forme et de couleur.

Ils forment cinq séries caractérisées par la couleur des spores.

Spores blanches ou pâles . . . *Leucospori*.
— roses . . . . *Rhodospori*.
— jaunes ou ocracées . . . *Dermini*.
— pourprées ou violacées . . *Pratelli*
— noires . . . . *Melanospori*.

Série I. — LEUCOSPORI.

Spores blanches, globuleuses ou ovoïdes, lisses ou échinulées à contenu hyalin, granuleux ou pourvu de gouttelettes huileuses. Champignons à stipe central excentrique ou latéral, ou sessiles, insérés plus ou moins latéralement.

Dans toute la série la membrane des spores est blanche; toutefois quelques Rusucles et Pleurotes ont des spores dont le contenu est coloré.

Division des Leucospori en genres.

A. Chapeau et stipe distincts, facilement séparables l'un de l'autre.

une volva . . . . *Amanita* (Pers.)
pas de volva; un anneau . . *Lepiota* Fr.
ni volva, ni anneau. . . . *Schulzeria* Bres.

B. Chapeau et stipe confluents, non séparables. Dans ces plantes le chapeau est en quelque sorte l'épanouissement du stipe.

* *un anneau membraneux.*

Chapeau et stipe également charnus. Lames sinuées . . . . *Armillaria* (Fr.)
Lames décurrentes ; stipe central ou excentrique . . . . . . *Armillariella* Karst.
Stipe cartilagineux ; spores rondes, volumineuses . . . . *Mucidula.*

** *anneau nul.*

a. Chapeau et stipe également charnus ou membraneux.

○ *Spores échinulées.*

§ Tissu fibreux, ténace.

Lames sinuées . . . . *Melaleuca.*
Lames décurrentes ou adnées décurrentes.
— minces, serrées, spores petites . . . . . . *Lepista* (Fr.)
— épaisses, distantes, spores grandes . . . . . . *Laccaria* Cooke.

§§ Tissu grenu, cassant.

Plantes lactescentes . . . . *Lactarius* Fr.
— non lactescentes . . . *Russula* Fr.

○ *Spores lisses.*

† Stipe central.

Lames sinuées . . . . *Tricholoma* (Fr.)
Lames décurrentes ou adnées décurrentes.
Plantes aqueuses, céracées . *Hygrophorus* Fr.
Plantes charnues membraneuses . . . . *Clitocybe* (Fr).

†† Stipe excentrique, latéral ou nul.

Lames fendues dans le sens de la longueur . . . . *Schizophyllum* Fr.
Lames dentelées en scie . . . *Lentinus* Fr.

Lames entières.

Plantes coriaces, reviviscentes . *Panus* Fr.

— charnues ou cartilagineuses, putrescentes.

Spores rondes ; espèces petites . *Calathinus* Quel.

— cylindracées ou ovoïdes . *Pleurotus* (Fr.)

b. Stipe grêle, cartilagineux ; chapeau membraneux.

§ Champignons coriaces, reviviscents.

Surface du chapeau portant des poils ovoïdes, échinulés . . *Androsaceus* (Pers.)

Pas de poils échinulés sur le chapeau. . . . . *Marasmius* (Fr.)

§§ Champignons putrescents, plus ou moins charnus.

† Lames adnées.

Marge d'abord enroulée . . . *Collybia* Fr.

— — appliquée contre le stipe. . . . . . . *Mycena* Fr.

†† Lames décurrentes.

Espèces petites . . . . . . *Omphalia* Fr.

Série II. — RHODOSPORI.

Spores roses, ovoïdes, lisses ou anguleuses. Dans le genre *Dochmiopus* la teinte n'est pas franchement rose, c'est comme un mélange de rose et de jaune, aussi ce genre établit-il la transition avec la troisième série.

Division des Rhodospori en genres.

A. Chapeau et stipe distincts, facilement séparables.

une volva . . . . *Volvaria* Fr.

un anneau, pas de volva. . *Annularia* Schulz.

ni volva, ni anneau . . . *Pluteus* Fr.

b. Chapeau et stipe confluents, non séparables.

* *Spores anguleuses.*

† Stipe central.

Lames sinuées . . . . . *Entoloma* Fr.
Lames adnées non sinuées.
Marge primitivement enroulée. *Leptonia* Fr.
— — appliquée sur le stipe . . . . . *Nolanea* Fr.
Lames décurrentes.
Espèces petites . . . . . *Eccilia* Fr.

†† Stipe excentrique, latéral ou nul.

Espèces épixyles . . . . . *Claudopus* Sm.

** *Spores lisses.*

Stipe central, lames décurrentes *Clitopilus* (Fr.)
— excentrique ou nul . . *Dochmiopus*.

Série III. — DERMINI.

Spores ovoïdes ou globuleuses, lisses, anguleuses ou échinulées, de couleur ochracée, quelquefois brunes; pore germinatif visible. Dans cette série le voile général ne persiste jamais sous forme de membrane volvacée à la base du stipe, aussi il n'y a pas de genre correspondant à *Amanita* et à *Volvaria*[1].

Division des Dermini en genres.

A. Chapeau et stipe distincts, facilement séparables.

Lames libres, membraneuses; espèces lignicoles . . . . *Pluteolus* Fr.
Lames presque libres, molles; espèces fimicoles . . . . *Bolbitius* Fr.

[1] *Locellina* Gillet semble être une déformation accidentelle d'un *Cortinarius*.

B. Chapeau et stipe confluents, non séparables.

* Stipe central.

ʒ Un anneau membraneux.

Voile général persistant sur le chapeau ; spores ruguleuses . . . *Rozites* Krst.
Voile général nul ; spores lisses. . *Pholiota* (Fr.)

ʒʒ Anneau fibrilleux ou nul.

. Voile général aranéeux (Cortine), distinct de l'épiderme du chapeau . . . . *Cortinarius* Fr.
.. Voile général non distinct de l'épiderme du chapeau ; marge d'abord fibrilleuse.
† Lames sinuées . . . . *Hebeloma* Fr.
†† Lames simplement adnées *Inocybe* Fr.
††† Lames largement adnées ou décurrentes.
Spores lisses . . . *Flammula* Fr.
Spores anguleuses . *Ripartites* Krst.
... Voile nul ou très fugace.
Lames adnées, marge enroulée dans le jeune âge. . . . *Naucoria* Fr.
Lames adnées, marge appliquée contre le stipe . . . . . *Galera* Fr.
Lames décurrentes . . . . *Tubaria* Fr.

** Stipe excentrique ou nul.

Espèces lignicoles . . . . *Crepidotus* Fr.

SÉRIE IV. — PRATELLI.

Spores ovoïdes, lisses ou granuleuses, pourvues d'un pore germinatif très apparent, plus ou moins pourprées ou brunes purpurescentes.

Division des Pratelli en genres.

A. Chapeau et stipe distincts, facilement séparables.
- Une volva . . . . *Chitonia* Fr.
- Un anneau, pas de volva . *Agaricus* (L.) Krst.
- Ni anneau, ni volva . . . *Pilosace* Fr.

B. Chapeau et stipe confluents, non séparables.
- Un anneau membraneux . . *Stropharia* Fr.
- Anneau nul ou cortiniforme, fugace.
  - * Spores verruqueuses . . *Lacrymaria*.
  - ** Spores lisses.
    - Lames sinuées . . . . *Hypholoma* (Fr.)
    - Lames simplement adnées.
      - Marge du chapeau incurvée à l'origine. . . *Psilocybe* (Fr.)
      - Marge du chapeau appliquée sur le stipe . . *Psathyra* Fr.
    - Lames largement adnées ou décurrentes . . . . *Deconica* Sur.

Série V. — MELANOSPORI.

Spores lisses, ovoïdes, plus ou moins allongées ou globuleuses, présentant parfois des formes aplaties ou irrégulières ; pore germinatif très visible. Leur couleur varie du cendré, au noir et au brun noir.

Division des Melanospori en genres.

A. Chapeau nul : lames insérées au sommet du stipe . . . *Montagnites* Fr.

B. Un chapeau charnu ou membraneux.
- * Lames longuement décurrentes . . . . *Gomphidius* Fr.

** Lames adnées ou libres.
Plantes déliquescentes . . *Coprinus* Fr.
Plantes non déliquescentes.
ʒ Chapeau lisse; lames tachetées.
Un anneau membraneux . . . . . . *Anellaria* Krst.
Anneau nul. . . . *Panæolus* (Fr.)
ʒʒ Chapeau strié; lames non tachetées . . . . . . *Psathyrella* Fr.

TRIBU DES CANTHARELLÉS.

Agaricinés à hymenium étalé sur des lames épaisses, pliciformes, à spores lisses, incolores ou brunes.

Division des Cantharellés en genres.

A. Spores blanches.

Cystides saillantes à paroi épaisse et muriquée vers la partie supérieure . . . . *Geopetalum.*
Cystides nulles ou ne présentant pas les caractères précédents.
Hymenium portant des veines rares et très fines . . . *Arrhenia* Fr.
Hymenium plissé au moins à la fin.
Plis simples, épais . . *Nyctalis* Fr.
Plis rameux.
Plantes terrestres.
Hymenium plissé dès l'origine . . . . *Cantharellus* (Fr.
Hymenium plissé à la fin seulement . . . *Craterellus* (Fr.)

Plantes muscicoles ou lignicoles.
Membraneuses, molles : hymenium ridé réticulé . . . *Dyctiolus* Quel.
Coriaces : hymenium crispé ou à plis canaliculés . . . *Trogia* Fr.

B. Spores brunes ocracées.

Plantes charnues coriaces ; hymenium ridé, séparable . . . . *Nevrophyllum*.

TRIBU DES PAXILLÉS.

Agaricinés charnus, à lames molles, facilement séparables de l'hyménophore et plus ou moins anastomosées. Spores lisses, ocracées.

Cette tribu touche à la précédente par quelques espèces qui ont les lames épaisses dans le jeune âge et à la suivante par les espèces à lames anastomosées vers la base. De plus, les mêmes parasites attaquent les Paxillés et les Boletés.

Division des Paxillés en genres.

Stipe central, chapeau entier . . *Paxillus* (Fr.)
Stipe excentrique, chapeau quelquefois dimidié ou résupiné . . . *Tapinia* (Fr.)

TRIBU DES BOLETÉS.

Agaricinés à hymenium mou, facilement séparable de l'hyménophore, entièrement poreux. Pores dérivés d'une façon évidente de lames anastomosées et rayonnantes. Spores blanches ou colorées, lisses ou rugueuses.

La consistance, la structure et le mode de développement des Bolets les rapprochent des Agarics ordinaires et les éloignent des Polypores, auxquels on les a longtemps réunis.

Division des Boletés en genres.

A. Spores blanches . . . . . . *Gyroporus* (Q.)
B. Spores colorées.
 * Spores ruguleuses, subglobuleuses. . . . . . . *Strobylomyces* Bk.
 ** Spores lisses, ovoïdes ou allongées.
  a. Spores roses . . . *Tylopilus* Krst.
  b. Spores ochracées, ferrugineuses ou d'un roux pourpre.
 Tubes longs, séparables de l'hyménophore, pores petits . . *Boletus* (Fr.)
 Tubes très courts, sinueux ou lamelleux, difficilement séparables de l'hyménophore . . *Gyrodon* Opat.
 Tubes celluleux, amples, non séparables de l'hyménophore. *Boletinus* Kalch.

FAMILLE DES POLYPORÉS.

Hyménomycètes très-rarement charnus, ordinairement coriaces ou subéreux-ligneux, persistants, à développement lent et s'effectuant par périodes successives. Basides à quatre stérigmates. Spores blanches ou colorées, lisses ou échinulées. Hymenium sur des lames ou des pores non séparables de l'hyménophore.

Division des Polyporés en genres.

A. Spores blanches.

I. Hymenium lamelleux.

Lames entières, divergentes . . . *Lenzites* Fr.
Lames interrompues, souvent inordinées . . . . *Irpex* (Fr.)

II. Hymenium poreux.

a. Pores ne formant pas une couche hétérogène avec la substance du chapeau.

Plantes subéreuses ou coriaces.

Pores labyrinthiformes, sinueux. *Dædalea* Pers.

Pores petits, inégaux, non labyrinthés . . . . *Trametes* Fr.

Plantes molles, membraneuses ou céracées.

Pores plissés réticulés . . . *Merulius* (Fr.)

b. Pores formant une couche hétérogène avec l'hyménophore.

* Pores grands, alvéolés dès l'origine . . . . . . *Favolus* Fr.

** Pores ponctiformes à l'origine.

§ Stipe central.

Plantes terrestres, charnues . *Polyporus* (Mich.

Plantes troncicoles, coriaces. *Leucoporus* (Q.)

§§ Stipe latéral ou excentrique.

Stipe noir à la base . . . . *Melanopus*.

Stipe unicolore . . . . . . *Cerioporus* (Q.

§§§ Plantes rameuses.

Chair blanche ou pâle . . . *Cladomeris* (Q.)

Chair fortement colorée, brune ou rousse . . . . *Polystictus* Fr.

§§§§ Plantes sessiles ou dimidiées. Simples.

† Chair blanche ou pâle.

Chapeau recouvert d'une croûte ou pellicule . . . . *Placodes* (Q.

Chapeau sans pellicule distincte.

Surface zonée . . . . *Coriolus* Q.

Surface non zonée.

Spores cylindriques, droites ou courbées . . . . . . *Leptoporus* (Q.)

Spores ovoïdes . . . . . . *Spongipellis*.

†† Chair colorée.

Une croûte sur le chapeau : tubes souvent stratifiés ; plantes dures. *Fomes* Fr.
Pellicule nulle : plantes molles, spongieuses . . . . *Inonotus* (Krst.)

§§§§§ Plantes résupinées.

Pores entiers . . . . *Poria* Pers.
Pores déchirés, lamelluleux . . . *Xylodon* (Krst.)
Hymenium formé des pointes creusées à l'extrémité . . . . *Porothelium* Fr.

B. Spores colorées.

I. Tubes adhérents entre eux.

Chapeau recouvert d'une croûte luisante . . . . *Ganoderma* (Krst.)
Chapeau sans pellicule distincte.
Stipe central . . . . . . *Pelloporus* (Q.)
Chapeau sessile, dimidié ou résupiné.
Plantes subéreuses ou spongieuses. . . . . *Inodermus* (Q.)
Plantes molles, pores sinueux, subgélatineux . . . . *Gyrophora*.

II. Tubes libres entre eux.

Plantes lignicoles . . . . *Fistulina* Fr.

FAMILLE DES HYDNÉS.

Hyménomycètes charnus, coriaces ou subéreux-ligneux, stipités, sessiles ou résupinés, à hymenium porté sur des crêtes, des tubercules, granules ou pointes. Basides à 4, rarement 3-6 stérigmates. Spores blanches ou colorées, lisses ou échinulées.

Division des Hydnés en genres.

A. Spores blanches.

I. Un réceptacle, charnu, coriace ou subéreux.

a. Hymenium sur des lamellules inordinées, facilement détersiles . *Sistotrema* Pers.

b. Hymenium sur des aiguillons glabres, pendants.

α. Aiguillons courts.

* Stipe central ; plantes charnues . . . . *Hydnum* (L.)

** Stipe latéral ou excentrique : plantes coriaces . . . *Pleurodon* Q.

*** Plantes coriaces, sessiles, dimidiées ou résupinées . *Leptodon* Q.

β. Aiguillons allongés. Spores globuleuses ou ovoïdes. *Dryodon* Q.

c. Hymenium sur des aiguillons glabres, dressés, supères . . *Hericium* Pers.

d. Hymenium sur des aiguillons villeux ou incisés au sommet, plantes sessiles, lignicoles . . *Odontina*.

e. Hymenium sur des crêtes ; plantes molles, céracées . . . . . . *Phlebia* Fr.

f. Hymenium sur des tubercules difformes . . . . *Radulum* (Fr.)

g. Hymenium sur des granules petits et réguliers . . . . *Grandinia* Fr.

II. Réceptacle nul ; plantes réduites aux aiguillons . . . . *Mucronella* Fr.

B. Spores colorées.

h. Hymenium sur des aiguillons glabres.

Plantes charnues . . . . . . *Sarcodon* Q.

Plantes coriaces ou subéreuses. *Calodon* Q.

i. Hymenium sur des aiguillons villeux ou incisés au sommet. Spores anguleuses. . . . . *Odontia* (Fr.)

FAMILLE DES THÉLÉPHORÉS.

Hyménomycètes charnus-céracés ou fibreux coriaces, à hymenium lisse ou simplement ruguleux. Spores blanches ou colorées, lisses ou échinulées.

Division des Théléphorés en genres.

A. Spores blanches.

1. Champignons charnus, dressés, rameux ; à rameaux aplatis en lames ; spores ovoïdes, lisses ou un peu anguleuses . . . *Sparassis* Fr.
2. Coriaces, dressés, rameux, formés d'un tissu homogène, sans pellicule ; stipités, sessiles ou incrustants.
   * Spores lisses . . . . *Thelephora* (Ehr.)
   ** Spores verruqueuses. . *Cristella.*
3. Substipités, dimidés ou résupinés ; une couche hétérogène entre l'épiderme et l'hymenium.
   Cystides incolores ou nulles. *Stereum* (Fr.)
   Cystides colorées, rigides, à parois épaisses . . . *Hymenochæte* Lev.
4. Plantes résupinées.
   Champignons céracés, membraneux. . . . . . *Corticum* (Fr.)
   Champignons floconneux, ténus. . . . . *Hypochnus* (Fr.)

5. Plantes tubuleuses, cupuliformes, sessiles ou stipitées.
 Agrégées, réunies par un mycelium tenu, floconneux . . . . *Solenia* Hoff.
 Eparses; pas de mycelium entre les cupules . . . *Cyphella* Fr.
6. Plantes parasites des végétaux vivants, qu'elles déforment . *Exobasidium* Vor.

B. Spores colorées.

7. Stipités, rameux ou sessiles dimidiés, tissu homogène . *Phylacteria* (Pers.)
8. Résupinés, étalés, céracés ou floconneux.
 Spores lisses . . . . *Coniophora* (Pers.)
 Spores anguleuses ou échinées . . . . . *Tomentella* (Pers.)
9. Plantes cupuliformes, sessiles ou stipitées . . . . . *Phæocarpus*.

FAMILLE DES CLAVARIÉS.

Hyménomycètes charnus ou fibreux, simples, fasciculés ou rameux coralloïdes, dressés, à hymenium amphigène, lisse. Spores blanches ou colorées, lisses, granuleuses ou échinulées. Terrestres ou épiphytes.

Division des Clavariés en genres.

A. Spores ochracées . . . . . *Clavariella* Krst.
B. Spores blanches.
 a. Plantes filiformes, rameuses, grêles, ténaces, fibreuses. *Pterula* Fr.
 b. Plantes plus ou moins charnues.

1. Plantes charnues, simples ou rameuses, à stipe indistinct . . . *Clavaria* (Fr.)
2. Un stipe filiforme, allongé, grêle, distinct du réceptacle. . . . . *Typhula* Pers.
3. Réceptacle fertile jusqu'au sommet, stipe court ou nul, plantes claviformes . . . *Pistillaria* (Fr.)
4. Réceptacle terminé par une pointe stérile; plantes filiformes . . . . *Ceratella* (Q.)
5. Réceptacle discoïde, fertile à la partie supérieure seulement . . . . *Pistillina* Q.

Sous-Classe II. — HÉTÉROBASIDIÉS.

Hyménomycètes de forme et de consistance variable, ordinairement gélatineux, caractérisés par des basides pluricellulaires ou cylindriques et fourchues au sommet.

Division des Hétérobasidiés en genres.

1. Baside circinée . . . . *Helicobasidium*.
2. Baside d'abord cylindrique, puis fourchue.
   - *a*. Champignons claviformes ou rameux à hymenium amphigène. . . . . . *Calocera* Fr.
   - *b*. Plantes plus ou moins cupuliformes, à hymenium supère.
     - * Spores septées . . *Dacrymyces* Nees.
     - ** Spores sans cloisons *Guepiniopsis*.

3. Baside cylindrique à cloisons transversales . . . . *Auricularia* Bull.

4. Baside globuleuse ou ovoïde à cloisons verticales.

   a. Plantes fibreuses . . . . *Sebacina* Tul.

   b. Plantes gélatineuses.

      * Auriformes, dressées, hymenium infère . *Guepinia* (Fr.)

      ** Immarginées, cérébriformes . . . . . *Tremella* Dill.

      *** Marginées.

         Globuleuses puis tronquées, disque lisse. *Ombrophila* Q.

         Disque papilleux . . *Exidia* Fr.

      **** Hymenium sur des pointes analogues à celles des Hydnés . *Tremellodon* Pers.

CHAPITRE IX.

ÉTUDE DE CHAQUE GENRE EN PARTICULIER.

SOUS-CLASSE I. — HOMOBASIDIÉS.

FAMILLE I. — AGARICINÉS.

TRIBU DES AGARICÉS.

LEUCOSPORI.

α. Le tissu du stipe et celui du chapeau sont hétérogènes.

Genre I. — AMANITA Pers.

Agaricés entourés dans le jeune âge d'un voile général ou *volva* distinct de l'épiderme du chapeau. Plantes terrestres.

Le genre Amanita se divise naturellement en deux sections : la première renferme les espèces dont le stipe est pourvu d'un anneau et la deuxième les espèces privées d'anneau.

Cette deuxième section, par l'absence de l'anneau, correspond au genre *Volvaria* dans les Agaricés à spores roses, mais ne peut être réunie à ce dernier genre dont la structure est toute différente.

L'anneau des amanites est membraneux ou floconneux. Dans l'*Am. strangulata*[1] le stipe est entouré d'une série d'écailles circulaires simulant les débris d'un voile partiel, mais qui en réalité ne sont que le résultat d'une exfoliation de la couche périphérique du stipe.

Le mode de déhiscence de la volva, ainsi que la présence ou l'absence de débris verruciformes sur le chapeau est lié intimement avec la structure anatomique du voile général, celui-ci est formé de cellules allongées, ténaces, dans le cas de déhiscence apicale, et de cellules globuleuses peu adhérentes entre elles dans les cas où la volva se déchire irrégulièrement en laissant ses débris à la surface du chapeau (Pl. 1, fig. 1-2).

Dans le plus grand nombre de cas les lames sont entièrement libres, plus rarement elles atteignent le sommet du stipe ou même sont décurrentes par une petite dent.

Les bords du chapeau peuvent être lisses ou striés.

Les basides ont toujours quatre stérigmates : les cystides sont nulles ou peu caractérisées : les spores peuvent être globuleuses (*A. strangulata*, etc., Pl. 1, fig. 5), ovoïdes (*A. ampla*, Pl. 1, fig. 1), ou plus ou moins allongées (*A. junquillea*, Pl. 1, fig. 6, *A. persoonii*), leur contenu est hyalin ou granuleux.

Section 1. — Anneau supère.

Espèces principales : *A. caesarea*, *A. ovoïdea*, *A. mappa*, *A. muscaria*, etc.

Section 2. — Anneau nul (*Vaginaria* Forq.)

Espèces principales : *A. vaginata*, *A. strangulata*, *A. baccata*, etc.

[1] *Tabulae* n° 401.

Genre 2. — Lepiota Fr.

Agaricés leucospores à stipe distinct de l'hyménophore, pourvus d'un *anneau*. Voile général non distinct de l'épiderme du chapeau. Plantes terrestres, rarement lignicoles.

Le genre Lepiota présente les plus grandes analogies avec le précédent dont il ne diffère que par l'absence de volva bien caractérisée. Quelques espèces établissent un passage entre les deux genres.

Dans certains cas (*L. procera*) l'anneau provient des bords du chapeau et est mobile sur le stipe; ailleurs (*L. amianthina*) il chausse le stipe sur une grande longueur et semble faire partie du voile général. L'anneau peut être membraneux, floconneux ou visqueux (*L. illinita*).

Les bords du chapeau sont lisses (*L. procera*, *L. mastoidea*, etc.) ou striés (*L. illinita*, etc.).

Le stipe s'insère avec le chapeau de trois manières différentes: le plus souvent il se termine à son point de contact avec le chapeau (*L. felina*, *L. helveola*, etc.), ailleurs, il pénètre profondément dans la substance de l'hyménophore sans se souder latéralement avec elle, en sorte que le tissu du chapeau forme un bourrelet qui entoure le sommet du stipe sans le toucher (*L. mastoidea*), enfin dans *L. rachodes*, *L. excoriata*, etc. le tissu du stipe arrivé au contact du chapeau s'étale et forme un bourrelet (*collarium*) plan ou replié et dans ce cas il y a encore un espace circulaire libre autour du sommet du stipe, mais dont l'origine n'est pas la même que dans le cas de *L. mastoidea*.

Dans le genre Lepiota les lames sont *toujours libres* et s'insèrent soit au pourtour du collarium, soit au pourtour du bourrelet formé par le tissu du chapeau (*L. mastoidea*), soit enfin sur une surface plane entourant le stipe.

Les spores présentent quelques variations de formes d'une espèce à l'autre : elles sont ovoïdes et volumineuses dans *L. procera* (Pl. 1, fig. 9), *L. mastoidea*, etc., ovoïdes et petites dans *L. felina*, cylindracées dans *L. hispida*, bossues et subtriangulaires dans *L. cristata* (Pl. 1, fig. 10), allongées et aiguës dans *L. clypeolaria*[1].

Les basides sont à quatre stérigmates; les cystides sont nulles ou peu saillantes.

Le voile général forme des écailles au sommet du chapeau de *L. procera*, une simple pruinosité sur le stipe et le chapeau de *L. seminuda* (Pl. 1, fig. 7-8), une couche visqueuse sur *L. illinita*, etc.

Section 1. — Epiderme sec.

Espèces principales : *L. procera*, *L. mastoidea*, *L. clypeolaria*, etc.

Section 2. — Epiderme visqueux.

Espèces principales : *L. illinita*, etc.

Genre 3. — SCHULZERIA Bres.

Agaricés leucospores à stipe distinct de l'hyménophore, *privés de volva et d'anneau*. Plantes terrestres.

Les lames sont arrondies et libres, les spores sont ovoïdes.

Espèces principales : *Sch. rimulosa*, *Sch. squamigera*.

β. Le tissu du stipe et celui du chapeau sont homogènes.

Genre 4. — ARMILLARIA (Fr.)

Chapeau et stipe également *charnus*. Un *anneau* membraneux. Lames *sinuées*. Basides à quatre stérigmates ; spores ovoïdes, lisses. Plantes terrestres.

[1] *Tabulae* n°s 102, 202, 203, 204.

Le genre Armillaria ne diffère du genre Tricholoma que par la présence d'un anneau bien marqué et pourrait facilement lui être réuni ainsi que le fait M. Quelet dans son *Enchiridion*. Nous continuerons cependant à les considérer comme distincts à cause de la grande facilité que l'anneau apporte dans la distinction des deux groupes.

Espèces principales : *Ar. caligata*, *Ar. robusta* etc.

Genre 5. — ARMILLARIELLA Krst.

Stipe *annulé*, central, excentrique ou latéral ; lames *décurrentes*.

Chapeau et stipe charnus, confluents, glabres ou squamuleux (Pl. 1, fig. 11) ; marge lisse ou striée. Basides à quatre stérigmates. Spores lisses, ovoïdes ou allongées (Pl. 2, fig. 4). Lames décurrentes, parfois anastomosées à leur partie inférieure.

Les espèces du genre Armillariella croissent toutes sur les vieux troncs d'arbres. On peut les diviser en deux sections :

Section 1. — *Clitocyboïdés.*

Stipe central. Spores ovoïdes.

Espèces principales : *Arm. mellea*, *Arm. megalopus*, etc.

Section 2. — *Pleurotoïdés.*

Stipe excentrique ou latéral. Spores allongées.

Espèces principales : *Arm. dryina*, *Arm. corticata*, etc.

Genre 6. — MUCIDULA Pat.

Stipe *annulé*, central, *cartilagineux*. Lames adnées. Spores *sphériques*, lisses, *volumineuses* (Pl. 1, fig. 12). Plantes lignicoles.

Les espèces du genre Mucidula se rapprochent de

celles des genres *Armillaria* et *Armillariella* par la présence d'un anneau, mais en diffèrent par les spores et le stipe cartilagineux ; elles ont également des rapports avec plusieurs *Collybia*, mais ceux-ci sont dépourvus d'anneau.

Espèces principales : *Mucid. mucida*, etc.

Genre 7. — Melaleuca Pat.

Stipe charnu, spongieux, sans anneau, confluent avec le chapeau. Lames *sinuées ;* basides à quatre stérigmates ; spores ovoïdes, *verruqueuses* (Pl. 1, fig. 15). Plantes terrestres ; hygrophanes.

Nous avons détaché du genre *Tricholoma* Fr. un certain nombre d'espèces caractérisées par des *spores échinulées*, une consistance spongieuse et une teinte plus ou moins grise ou noirâtre, pour former le genre Melaleuca.

Espèces principales : *Mel. vulgaris* Pat. (*Ag. melaleucus* Pers.) et quelques autres.

Genre 8. — Lepista (Fr.)

Chapeau et stipe charnus ; anneau nul. Lames *décurrentes*, minces et *serrées* ; basides à quatre stérigmates ; spores ovoïdes, petites, *verruqueuses* lorsqu'elles sont entièrement développées (Pl. 1, fig. 16). Plantes terrestres.

Chapeau plan, convexe, ou déprimé en entonnoir. Lames quelquefois anastomosées à la base (*L. gilva*).

Le genre Lepista a des affinités avec les genres Paxillus et Clitocybe.

Espèces principales : *L. gilva*, *L. inversa*, *L. flaccida*, *L. maxima*, etc.

Genre 9. — Laccaria Cooke.

Chapeau et stipe charnus, confluents ; anneau nul. Lames *décurrentes*, *épaisses*, *distantes*, souvent pruineuses ; basides à quatre stérigmates ; spores ovoïdes, *verruqueuses* (Pl. 1, fig. 19). Plantes terrestres.

Chapeau plan, convexe ou déprimé, lisse ou squamuleux. Les espèces de ce genre ont toutes une couleur violacée ou rougeâtre.

Espèces principales : *L. laccata*, *L. proxima*, *L. tortilis*, etc.

Genre 10. — LACTARIUS Fr.

Champignons charnus, putrescents, ordinairement terrestres, rarement arboricoles, à lames adnées ou décurrentes, souvent rameuses. Stipe non cortiqué, plein ou creux, confluent avec l'hyménophore. Voile nul, mais cependant quelques espèces portent à la marge du chapeau des fibrilles qui paraissent être les débris d'une enveloppe primitive. Leur structure, analogue à celle du genre *Russula*, est très caractéristique ; le stipe est formé d'hyphes à cellules courtes, arrondies, formant une trame vésiculeuse, un peu plus serrée vers les bords ; cette trame se continue sans changements dans le chapeau et les lames, où les vésicules sont plus petites et serrées. Ce tissu est sillonné par les larges mailles d'un réseau d'éléments grêles. De nombreux *laticifères* suivent le parcours des éléments grêles du tissu (Pl. 1, fig. 28) et contiennent un *latex* abondant qui s'écoule au dehors à la moindre blessure. Le latex est souvent blanc, dans quelques espèces il a des teintes variables ; sa saveur est douce ou très acre.

L'hymenium est formé de basides à quatre stérigmates et de cystides de grandeur et de forme variable (Pl. 1, fig. 30). Les spores sont à peu près globuleuses et *échinulées*, sauf dans le *Lact. piperatus* où elles sont lisses (Pl. 1, fig. 29).

L'abondance du latex est la principale différence avec le genre *Russula*. Les lactaires touchent à *Pleu-*

rotus par leurs espèces troncicoles à stipe excentrique ou latéral.

Espèces principales : *Lact. vellereus*, *L. piperatus*, *L. deliciosus*, *L. scrobiculatus*, *L. volemus*, etc.

Genre 11. — Russula Fr.

Voile général à peine apparent dans le jeune âge. Stipe compact, plein, non cortiqué, s'épanouissant en un chapeau sans changement de constitution. Lames rigides, fragiles, à tranche aiguë, qui est quelquefois discolore et présente des cellules de forme variable distinctes des cystides (Pl. 1, fig. 20) ; dans beaucoup d'espèces elles sont toutes égales, ailleurs elles sont mêlées de plus courtes ou bien elles sont fourchues. Le tissu a la même constitution que dans le genre *Lactarius* (Pl. 1, fig. 17), on y rencontre également des *laticifères* en abondance, mais il ne possèdent pas assez de latex pour qu'il puisse s'écouler au dehors.

L'hymenium est formé de basides claviformes à quatre stérigmates et de cystides variables de forme et de grandeur (Pl. 1, fig. 21-24). Les spores sont globuleuses ou ovoïdes, *échinulées*, blanches ou colorées en jaune par le contenu huileux (Pl. 1, fig. 22). Le chapeau est recouvert d'une pellicule plus ou moins séparable ; la forme des cellules de cette pellicule est très variable et donne de bons caractères pour la détermination des espèces de ce genre. Ainsi dans *Russula rubra* les cellules de la pellicule sont allongées, renflées et claviformes (Pl. 1, fig. 24) ; dans *R. aurata* la pellicule est formée de cellules grêles, courtes et visqueuses, etc.

La chair des Russules est en général blanche ; dans quelques espèces elle rougit au contact de l'air et même peut devenir entièrement noire (*R. nigricans*). Sa saveur est douce ou brûlante.

Fries divise le genre Russula de la manière suivante :

* *Compactae*. Chapeau à bords infléchis ou enroulés dans le jeune âge, jamais striés ; pas de pellicule distincte. Lames inégales. Chair compacte, stipe solide, charnu.

Espèces principales : *Russula nigricans*, *R. adusta*, *R. densifolia*, etc.

** *Furcatae*. Chapeau à bords infléchis, puis ouverts, non striés. Pellicule mince, fortement adnée. Lames fourchues, mélangées de plus courtes.

Espèces principales : *R. furcata*, *R. sanguinea*, *R. sardonia*, etc.

*** *Rigidae*. Chapeau rigide, sec, un peu soyeux, crevassé, marge droite, non strié. Chair ferme à la fin, molle dans le stipe. Lames rigides, élargies en avant.

Espèces principales : *R. virescens*, *R. lactea*, *R. lepida*, *R. rubra*, etc.

**** *Heterophyllae*. Chapeau charnu, ferme, à marge striée, à pellicule à peu près séparable. Lames minces, les unes plus courtes, les autres fourchues. Stipe plein, ferme, puis spongieux.

Espèces principales : *R. vesca*, *R. fœtens*, *R. heterophylla*, *R. cyanoxantha*, etc.

***** *Fragiles*. Fragile. Chapeau à pellicule séparable, visqueux par l'humide. Marge non enroulée, striée ou tuberculeuse. Lames presque toutes égales.

Espèces principales : *R. fragilis*, *R. violacea*, *R. pectinata*, *R. integra*, etc.

Genre 12. — Tricholoma (Fr.)

Agaricinés charnus, à stipe et chapeau confluents, privés d'anneau, à lames *insérées au stipe par un sinus*; spores lisses, ovoïdes (Pl. 1, fig. 14). Plantes terrestres.

Le chapeau est glabre ou squamuleux et porte quelquefois de légers débris de voile à la marge. L'hymenium est formé de basides à quatre (accidentellement à deux) stérigmates; dans quelques espèces (*Trich. rutilans*) la trame fait saillie à la marge des lames et donne naissance à de grosses cellules renflées en vessies (Pl. 1, fig. 13); quelquefois ces vessies traversent l'hymenium et simulent des cystides.

Les spores sont lisses, à contenu hyalin, granuleux ou à gouttelettes; leur couleur est blanche, quelquefois avec un reflet jaunâtre (*Tr. sulfureum*, etc).

Espèces principales: *Tr. equestre*, *Tr. rutilans*, *Tr. saponaceum*, *Tr. bufonium*, *Tr. georgii*, etc.

Genre 13. — HYGROPHORUS Fr.

Voile général nul ou visqueux et persistant quelquefois en flocons sur le stipe ou à la marge du chapeau. Plantes terrestres de *consistance molle*, *céracée*, gorgées de liquide; présentant des laticifères dans le tissu et très souvent de beaux cristaux d'oxalate de chaux (Pl. 1, fig. 18). Lames *décurrentes* ou sinuées décurrentes, à basides à quatre stérigmates. Spores ovoïdes, incolores, lisses.

Ce genre se rapproche de *Gomphidius* et de *Paxillus* dans les Chromosporés et de *Clitocybe* dans les Leucosporés.

On divise ordinairement le genre Hygrophorus de la manière suivante:

* *Limacinus*. Voile général visqueux, persistant en anneau sur le stipe ou en cortine sur les bords du chapeau.

Espèces principales: *Hygr. ligatus*, *Hygr. chrysodon*, etc.

** *Camarophyllus*. Voile nul. Chapeau non visqueux. Lames très espacées, arquées, sinuées ou longuement décurrentes.

Espèces principales : *Hygr. pratensis*, *H. virgineus*, *H. niveus*, *H. streptopus*, *H. ovinus*, etc.

*** *Hygrocybe*. Voile nul. Chapeau visqueux par l'humide, brillant par le sec ; stipe creux, mou. Ordinairement de couleur jaune ou plus ou moins coccinée.

Espèces principales : *H. ceraceus*, *H. coccineus*, *H. miniatus*, *H. obrusseus*, *H. conicus*, etc.

Genre 14. — Clitocybe (Fr.)

Agaricés charnus ou membraneux, présentant les caractères du genre Tricholoma, sauf les lames qui sont *décurrentes* et non sinuées. Plantes terrestres à stipe sans anneau.

Basides à quatre stérigmates ; spores ovoïdes, lisses.

Espèces principales : *Cl. nebularis*, *Cl. viridis*, *Cl. fragrans*, etc.

Genre 15. — Schizophyllum Fr.

Ce genre compte plusieurs espèces dans les régions tropicales ; en Europe on n'en connaît qu'une seule, le *Sch. commune*, qui croît abondamment sur les vieilles souches et dont voici les caractères.

Une base commune stipliforme, latéralement placée, porte des sortes de chapeaux partiels formés d'un tissu serré, coriace, dense, terminé en dessus par des poils rigides et feutrés ; ces chapeaux sont recouverts en dessous par une couche hyméniale se soulevant sur des lames ; ces lames ont la tranche déchirée bifide et le tissu fait saillie par cette déchirure sous forme de poils.

Ces chapeaux partiels sont contigus, en sorte que les poils qui les recouvrent se feutrant ensemble, il en résulte que la plante a l'apparence de n'avoir qu'un réceptacle unique. Les bords de deux chapeaux partiels en se réunissant forment eux-mêmes une lame plus grande que les autres et que son origine rend également bifide et velue sur la tranche.

Champignons coriaces, persistants, reviviscents, à basides à quatre stérigmates et à spores blanches subcylindriques.

Genre 16. — Lentinus Fr.

Agaricés coriaces, devenants durs, persistants, lignicoles, à spores blanches, caractérisés par des *lames denticulées* sur la tranche.

Comme dans le genre précédent les hyphes ont des parois épaisses.

Le stipe est plus ou moins excentrique, latéral ou nul. Les lames fortement adhérentes au chapeau sont décurrentes ; les basides ont quatre stérigmates ; les cystides sont nulles ou rares ; les spores sont subglobuleuses (*L. ursinus*, *L. cochleatus*) ou ovoïdes (*L. degener*, *L. tigrinus*).

Le voile persiste parfois sous forme d'appendices cortiniformes à la marge du chapeau, ou d'un anneau plus ou moins incomplet.

Ces plantes donnent souvent naissance à des monstruosités remarquables sur les poutres des galeries souterraines, elles deviennent rameuses et les chapeaux avortent plus ou moins. Ce sont elles qui forment les *Clavaria thermalis*, *Ramaria ceratodes*, etc. Cependant il est à noter que divers Pleurotus (*P. ostreatus*) donnent des déformations analogues qui ont été rapportées par erreur à des Lentinus.

Très abondants dans les contrées tropicales, les Lentinus sont plus rares en Europe.

Ils sont voisins des *Pleurotus* et des *Panus* et diffèrent des premiers par leur consistance et des seconds par leur lames denticulées sur la tranche.

Espèces principales : *L. Tigrinus*, *L. cochleatus*, *L. degener*, *L. ursinus*, *L. flabelliformis*, etc.

Genre 17. — Panus Fr.

Agaricés coriaces, à chapeau inéquilatéral, déprimé, se desséchant sans se putréfier et reviviscents à l'humidité. Lames à tranche *entière* non denticulée, et à trame floconneuse. Plantes lignicoles.

Stipe et hyménophore en continuité directe sans changement de structure. Basides à quatre stérigmates ; cystides fréquentes dans quelques espèces (*P. rudis*), elles ont la forme de massues et se trouvent surtout à la tranche des lames. Les spores sont incolores, hyalines, cylindracées.

Le chapeau et le stipe sont plus ou moins garnis de poils ou d'écailles.

Les Panus sont très voisins des Lentinus et des Pleurotus, leur texture est plus coriace que dans ces derniers et ils n'ont jamais de laticifères. On peut dire que les Panus sont aux Pleurotus, ce que les Marasmius et Androsaceus sont aux Collybia et aux Mycena.

On les divise en trois sections :

* *Conchati*. Chapeau irrégulier, stipe excentrique.

Espèces principales : *P. conchatus*, *P. rudis*, etc.

** *Stiptici*. Stipe latéral.

Espèces principales : *P. stipticus*, *P. foetens*, etc.

*** *Resupinati*. Stipe nul, chapeau résupiné.

Espèces principales : *P. ringens*, *P. violaceo-fulvus*, etc.

Genre 18. — Calathinus Q.

Chapeau charnu, sessile, résupiné ou inséré sur un tubercule stiptiforme excentrique. Lames inégales plus ou moins distantes. Basides claviformes à quatre stérigmates ; cystides nulles ; spores *globuleuses* (Pl. 2, fig. 6) hyalines ou à une gouttelette.

Le chapeau est sec ou couvert d'une pellicule gélatineuse, souvent incrustée d'oxalate calcaire (*C. striatulus*).

Dans quelques espèces (*C. hypnophilus*) l'hymenium offre parfois une dégradation remarquable : les lames ne se développent pas et la plante a l'aspect d'une Cyphelle.

Espèces principales : *C. hypnophilus*, *C. rivulorum*, *C. striatulus*, *C. limpidus*, etc.

Genre 19. — Pleurotus (Fr.)

Agaricés charnus, ténaces, à *stipe excentrique*, *latéral* ou *nul*, à spores ovoïdes, cylindracées, droites ou courbées. Plantes épixyles.

Dans ce genre le chapeau est toujours plus ou moins latéral, glabre ou villeux, quelquefois marginé en arrière. Quelques espèces (*P. eryngii*) peuvent avoir un stipe presque central. Les lames sont sinuées-adnées ou longuement décurrentes ; les basides ont quatre stérigmates ; les cystides sont nulles dans quelques espèces, ailleurs, elles sont claviformes et surmontées d'un petit bouton (Pl. 2, fig. 2), ou gorgées d'un liquide coloré. Les spores sont ovoïdes (Pl. 2, fig. 5) ou cylindriques et courbées (Pl. 2, fig. 7). Elles sont d'ordinaire blanches, parfois lilacines (*P. Cornucopiae*).

Les conidies s'observent sur les poils du chapeau dans le *P. ostreatus* (Pl. 2, fig. 1) ou à l'intersection des lames dans le *P. craterellus* (Pl. 2, fig. 8). Un grand nombre d'espèces ont des laticifères dans le stipe et le chapeau.

On les divise en deux sections :

* *Excentrici*. Chapeau entier, stipe excentrique.

Espèces principales : *Pl. phosphoreus*, *P. spodoleucus*, *P. ostreatus*, etc.

** *Dimidiati.* Chapeau latéral, non marginé en arrière.

Espèces principales : *Pl. serotinus*, *Pl. acerosus*, *Pl. craterellus*, etc.

Genre 20. — Androsaceus (Pers.)

Agaricés d'ordinaire épiphytes, à chapeau membraneux, à stipe filiforme corné, à spores ovoïdes blanches, caractérisés par la nature des poils formant la couche externe du chapeau. Ces poils ont une forme globuleuse, ovoïde ou allongée et sont *échinulés* dans leur partie supérieure (Pl. 2, fig. 2).

Outre ces poils caractéristiques on peut trouver sur le chapeau des poils allongés, filiformes (Pl. 2, fig. 10) analogues à ceux qui se trouvent sur le stipe ou d'une forme semblable à celle des cystides.

Les lames sont toujours en petit nombre, toutes égales, simplement adnées ou bien elles se soudent entre elles autour du sommet du stipe sans toucher à cet organe (*And. rotula*).

Dans les types dégradés du genre, tels que *A. polyadelphus*, les lames deviennent rares ou même disparaissent tout à fait.

Dans presque tous les cas on rencontre des cystides incolores, renflées à la base et étirées au sommet.

Espèces principales : *A. polyadelphus*, *A. oleae*, *A. rotula*, *A. Bulliardi*, *A. graminum*, *A. perforans*, etc.

Genre 21. — Marasmius (Fr.)

Agaricés à chapeau membraneux, à stipe coriace, *reviviscents*, terrestres ou épiphytes, dépourvus de poils échinulés dans la pellicule du chapeau.

Lames adnées, basides à quatre stérigmates, cystides nulles ou présentes ; spores incolores, ovoïdes. Le tissu présente parfois des laticifères.

Ce genre a les plus grands rapports avec *Collybia* et *Mycena* et devrait peut-être se fondre avec eux.

Espèces principales : *M. oreades*, *M. erythropus*, *M. Wynnei*, etc.

Genre 22. — Collybia Fr.

Agaricés putrescents à chapeau charnu-membraneux ayant les *bords enroulés* dans le jeune âge, à stipe fibreux, cartilagineux.

Les lames sont plus ou moins adnées ; basides à quatre (rarement à deux) stérigmates ; spores en général ovoïdes : cystides nulles ou de formes variables, quelquefois fortement incrustées d'oxalate de chaux (Pl. 2, fig. 13-14).

Le stipe est glabre, strié ou tomenteux (Pl. 2, fig. 15), en général creux ou rempli de moëlle et pourvu d'une écorce cartilagineuse, sa longueur est très variable.

Le mycelium est filamenteux, rhizomorphoïde ou sclérotoïde.

Les Collybia sont voisins des *Marasmius* et des *Mycena*, ils diffèrent des premiers parce qu'ils sont putrescents et des seconds parce que la marge du chapeau est enroulée et non appliquée contre le stipe.

On les divise de la manière suivante :

* *Striæpedes*. Stipe fibrilleux ou strié.

Espèces principales : *Coll. longipes*, *Coll. fusipes*, *Coll. maculata*, etc.

** *Vestipedes*. Stipe velu, floconneux ou pruineux.

Espèces principales : *Coll. laxipes*, *Coll. conigena*, *Coll. tuberosa*, etc.

*** *Lœvipedes*. Stipe glabre.

Espèces principales : *Coll. collina*, *Coll. dryophila*, *Coll. muscigena*, etc.

**** *Tephrophanae*. Hygrophanes, roux ou cendrés.

Espèces principales : *Coll. rancida*, *Coll. lacerata*, etc.

Genre 23. — MYCENA Fr.

Agaricés à stipe fistuleux, cartilagineux, à chapeau membraneux, plus ou moins strié sur les bords, d'abord conique ou ovoïde ayant la marge *appliquée sur le stipe* et non enroulée dans le jeune âge. Lames non décurrentes. Spores blanches, ovoïdes ou globuleuses (*M. corticola*), lisses, rarement hispides (*Myc. lasiosperma*). Cystides variables, souvent en fer de lance, distribuées sur toute la surface des lames ou localisées sur l'arête.

Dans la section des *Calodontes* et dans quelques *Lactipedes*, les cystides sont gorgées de suc coloré et sont disposées par touffes sur la tranche des lames qui est ainsi bordée d'une ligne discolore (Pl. 1, fig. 25).

Presque toutes ces plantes sont pourvues de laticifères (Pl. 1, fig. 31) dans le chapeau et le stipe ; dans les lactipèdes le latex est très abondant et s'écoule au dehors à la façon de celui des Lactaires.

On les divise de la manière suivante :

1. *Calodontes*. La tranche des lames est colorée par des cystides disposées en touffes.

Esp. principales : *Myc. pelianthina, M. rubro-marginata, M. rosella*, etc.

2. *Adonideae*. Lames unicolores. Espèces terrestres à couleurs gaies, ni rousses, ni cendrées.

Esp. principales : *Myc. pura, Myc. flavipes, Myc. rubella, Myc. flavo-alba*, etc.

3. *Rigidipedes*. Chapeau non hygrophane ; stipe tenace, persistant ; lignatiles et cœspiteux.

Esp. principales : *Myc. rugosa, M. galericulata, M. polygramma*, etc.

4. *Fragilipedes*. Stipe fragile, chapeau hygrophane. Grêles, terrestres ou lignatiles.

Esp. principales : *Myc. alcalina, Myc. ammoniaca, M. lasiosperma*, etc.

5. *Filipedes*. Stipe très long et filiforme, mou. Terrestres ou muscicoles.

Esp. principales : *Myc. filopes*, *Myc. iris*, *M. vitilis*, *M. acicula*, etc.

6. *Lactipedes*. Stipe lactescent lorsqu'on le brise. Suc blanc, jaune ou rouge.

Esp. principales : *Myc. sanguinolenta*, *M. crocata*, *M. galopus*, etc.

7. *Glutinipedes*. Stipe très glutineux.

Esp. principales : *Myc. epipterygia*, *Myc. citrinella*, *Myc. rorida*, etc.

8. *Basipedes*. Stipe sec, arrhize, à base dilatée ou bulbilleuse. Ténus, solitaires, mous.

Esp. principales : *Myc. stylobates*, *Myc. discopus*, *Myc. echinipes*, *Myc. pterigena*, etc.

9. *Insititiae*. Stipe très tenu, sec. Lames adnées, décurrentes par une dent.

Esp. principales : *Myc. corticola*, *Myc. hiemalis*, *M. juncicola*, etc.

Genre 24. — OMPHALIA Fr.

Le genre Omphalia a comme les genres *Marasmius*, *Mycena* et *Collybia* le stipe et le chapeau en continuation de tissu, mais de texture différente. Il est caractérisé par un chapeau déprimé, infundibuliforme et des lames décurrentes.

Le stipe est en général *cartilagineux*, *tubuleux*, allongé et s'épanouissant au sommet en un chapeau *membraneux-charnu* ; quelquefois le stipe est rempli d'une moëlle blanche. Il est glabre ou pruineux par des poils cystidiformes (Pl. 2, fig. 17).

Chapeau *charnu-membraneux*, déprimé ou en entonnoir avec les bords, primitivement *droits* et appliqués sur le stipe, comme dans Mycena, ou bien *enroulés* comme dans *Collybia*. Bords striés ; hygrophane.

Lames décurrentes; basides à quatre stérigmates; spores incolores, ovoïdes, cystides variables (Pl. 2, fig. 16).

Habitent les troncs pourris, les gazons ou la terre nue. Espèces de petite taille.

On les divise en deux sections :

* *Collybiarii.* Marge d'abord infléchie.

Espèces principales : *Omph. scyphoides, O. pyxidata*, etc.

** *Mycenarii.* Marge d'abord droite et appliquée sur le stipe.

Espèces principales : *Omph. fibula, O. Cornui*, etc.

RHODOSPORI.

α. **Chapeau et stipe distincts, facilement séparables.**

Genre 25. — Volvaria Fr.

Agaricés à spores roses correspondantes aux Amanites, c'est-à-dire qu'ils sont pourvus d'un voile général membraneux, persistant à la base du stipe sous forme d'involucre (*volva*). L'anneau n'existe jamais.

Les lames sont larges, molles et n'atteignent pas le stipe. Les basides ont quatre stérigmates, les cystides sont fréquentes et d'ordinaire en forme d'outre. Les spores sont ovoïdes, lisses, d'un rose pâle, hyalines ou contenant des gouttelettes.

Le tissu des Volvaria a une consistance molle particulière, ce qui éloigne ce genre des Amanites sans anneau; on y rencontre souvent des laticifères.

Le chapeau peut être glabre, velu ou visqueux, son bord est lisse ou strié.

Quelques espèces croissent sur les arbres (*V. bombycina*), d'autres sont terrestres ou parasites sur des champignons (*V. Loveiana*).

Espèces principales : *V. gloiocephala*, *V. bombycina*, *V. Loveiana*, *V. virgata*, *V. pusilla*, *V. plumulosa*, etc.

Genre 26. — Annularia Schulz.

De même que les Lepiotes sont des Amanites sans volva, les Annularia sont des Volvaria privés de voile général, mais *pourvus d'un anneau*.

Lames libres n'atteignant pas le stipe. Spores ovoïdes, lisses. Le stipe est glabre ou fibrilleux, le plus souvent creux à l'intérieur. Le chapeau est glabre ou squamuleux. Anneau ténu, mobile, fugace.

Espèces terrestres ou lignicoles.

Le genre Annularia correspond au genre *Chamæota* de Smith.

Espèces principales : *An. Fenzlii*, *An. xanthogramma*, etc.

Genre 27. — Pluteus Fr.

Rhodosporés à stipe et hyménophore distincts, privés de volva et d'anneau. Ce groupe correspond à *Schulzeria* dans les leucosporés et à *Pilosace* dans les Pratelles.

Ce sont des Volvaria sans volva.

Stipe charnu ; chapeau mou, glabre, soyeux ou fibrilleux. Lames libres, molles, blanches puis rosées. Basides à quatre stérigmates ; cystides de formes très variables selon les espèces. Spores ovoïdes ou subglobuleuses, lisses, avec ou sans gouttelettes internes (quelques espèces exotiques ont les spores anguleuses, dans les espèces d'Europe le *P. nanus* a des spores qui ont une tendance à devenir irrégulières).

La forme des cellules de la pellicule du chapeau, jointe à celle des cystides, donne de bons caractères pour la détermination des espèces.

Plantes lignicoles ou naissant au voisinage des troncs d'arbres.

Espèces principales : *P. cervinus*, *P. leoninus*, *P. chrysophæus*, *P. Roberti*, *P. candidus*, etc.

β. **Chapeau et stipe confluents, non séparables.**

Genre 28. — Entoloma Fr.

Rhodosporés à spores irrégulières *anguleuses*, à stipe confluent avec l'hyménophore, à *lames sinuées adnées* comme dans les Tricholoma et à voile nul ou peu distinct.

Plantes charnues, à stipe central ; terrestres.

Basides à quatre stérigmates ; cystides rares ; des laticifères dans le tissu. Le stipe et le chapeau sont glabres, pruineux, fibrilleux ou soyeux ; la marge est toujours lisse et le chapeau quelquefois hygrophane.

On les divise en trois sections :

* *Genuini*. Non hygrophanes. Chapeau glabre, humide ou visqueux.

Espèces principales : *E. lividum*, *E. prunuloides*, *E. ardosiacum*, etc.

** *Leptonidei*. Non hygrophanes. Chapeau floconneux, subsquameux.

Espèces principales : *E. Rozei*, *E. dichroum*, etc.

*** *Nolanidei*. Hygrophanes. Grêles, soyeux ; souvent ondulés, difformes.

Espèces principales : *E. clypeatum*, *E. nidorosum*, *E. speculum*, etc.

Genre 29. — Leptonia Fr.

Agaricés rhodosporés correspondant aux Collybia. Stipe cartilagineux, creux, confluent, mais hétérogène avec un chapeau à marge d'abord *incurvée*.

Stipe souvent glabre, formé d'hyphes parallèles, à cellules longues, régulièrement cylindriques.

Chapeau lisse, glabre, écailleux ou fibrilleux. Lames d'abord blanchâtres puis rosées. Dans *Lept. serrulata* la marge est denticulée et rendue discolore par des touffes de cellules colorées provenant de la trame. Basides à quatre stérigmates. Spores anguleuses à 2-3 gouttelettes (Pl. 2, fig. 24).

La couleur des Leptonia est variable, quelques-uns sont plus ou moins violacés, d'autres verts œrugineux ; les parties plus foncées sont dues à de l'air interposé entre les hyphes. La matière colorante est ordinairement liquide.

Petites espèces terrestres.

Espèces principales : *L. serrulata, L. euchlora, L. lampropus*, etc.

Genre 30. — Nolanea Fr.

Chapeau submembraneux, campanulé, ordinairement papillé à marge striée, d'abord *droite* et appliquée sur le stipe, puis étalée ; glabre, floconneux, sec ou hygrophane. Lames légèrement adnées. Spores *anguleuses*. Stipe creux, cartilagineux, glabre ou rendu pruineux par des poils très courts et onduleux (*L. pascua*), ou allongés aigus et colorés (*N. Babingtonii*).

Plantes terrestres.

Le genre Nolanea correspond au genre Mycena dans les leucosporés.

Espèces principales : *N. pascua, N. mammosa, N. Babingtonii*, etc.

Genre 31. — Eccilia Fr.

Stipe cartilagineux, tubuleux (le tube est quelquefois rempli de moëlle), s'étalant à son sommet en un chapeau membraneux, *déprimé* au centre à marge d'abord incurvée. Lames *décurrentes* ou largement adnées. Spores *anguleuses*. Basides à quatre stérigmates.

Espèces de petite taille, terrestres ou lignicoles.

Espèces principales : *E. undata*, *E. rhodocylix*, *E. atrides*, etc.

Genre 32. — Claudopus (Sm.)

Rhodosporés à stipe *excentrique*, latéral ou nul et à spores roses, *anguleuses*, ordinairement pourvues de gouttelettes (Pl. 2, fig. 25).

Espèces lignicoles ou muscicoles, à aspect très variable, pouvant être résupinées, versiformes ou même avoir le stipe tout à fait central.

Espèces principales : *Cl. depluens*, *Cl. byssisedus*.

Genre 33. — Dochmiopus Pat.

Rhodosporés à stipe excentrique, latéral ou nul et à spores *rosées*, *ovoïdes* ou *globuleuses*, jamais anguleuses, hyalines ou pourvues de gouttelettes (Pl. 2, fig. 26-27).

Plantes épixyles, souvent résupinées.

Les genres Dochmiopus et Claudopus correspondent à Calathinus et Pleurotus dans les leucosporés et à Crepidotus dans les Dermini.

Espèces principales : *D. variabilis*, *D. sphaerosporus*, *D. macrosporus*.

Genre 34. — Clitopilus (Fr.)

Stipe charnu ou fibreux, velu ou pruineux, se dilatant en un chapeau à marge d'abord involutée ; chapeau homogène et confluent avec le stipe, pruineux, charnu ou fibreux, souvent déprimé au centre, blanc, cendré, ou brunâtre. Lames décurrentes, larges, ventrues.

Spores roses, ovoïdes, apiculées (Pl. 2, fig. 23), *lisses*.

Espèces terrestres correspondant aux Clitocybes dans les leucosporés.

Espèces principales : *Cl. prunulus*, *Cl. mundulus*, *Cl. orcella*, etc.

DERMINI.

α. Chapeau et stipe distincts, facilement séparables.

Genre 35. — Pluteolus Fr.

Chapeau ténu à marge droite appliquée sur le stipe dans le jeune âge, conique, campanulé puis étalé. Stipe distinct de l'hyménophore, cartilagineux. Lames *libres*, n'atteignant pas le stipe. Spores ovales, ferrugineuses. Plantes lignicoles.

Dans les Dermini on ne rencontre pas de genres correspondants à Amanita, Volvaria et à Lepiota : le genre Pluteolus par son stipe distinct de l'hyménophore et ses lames libres se rapproche de Pluteus, mais par sa structure délicate il est voisin de Galera.

Espèces principales : *P. reticulatus*, etc.

Genre 36. — Bolbitius Fr.

Chapeau ténu, mou. Stipe grêle, creux. Lames presque libres, molles, devenant *diffluentes* par un temps humide. Basides *subglobuleuses* ; spores ovoïdes, ocracées rosées, avec un pore germinatif très apparent. Voile cortiniforme, fugace. Cystides renflées.

Espèces éphémères, fimicoles, ordinairement de couleur jaune.

Ce genre est très voisin de Galera ; il se rattache à Coprinus pour ses lames un peu déliquescentes. Par la couleur de ses spores il est intermédiaire entre les rhodosporés et les dermini.

Espèces principales : *B. vitellinus*, *B. luteolus*, etc.

β. Chapeau et stipe confluents, non séparables.

Genre 37. — Rozites Karst.

Charnus. Voile général ténu, persistant sur le chapeau sous forme d'une pruine blanche et quelquefois à la base du stipe à la manière des Amanites. Stipe charnu confluent avec le tissu du chapeau; anneau membraneux. Lames adnées; basides en massue, à quatre stérigmates; spores ocracées, ovoïdes, grosses, un peu *ruguleuses*, à pore germinatif visible. Plantes terrestres.

Espèce principale : *R. caperatus*.

Genre 38. — Pholiota (Fr.)

Chapeau et stipe charnus, confluents. Anneau membraneux. Lames *sinuées-adnées*, quelquefois décurrentes par une dent. Basides à quatre stérigmates; cystides de formes variables; spores *lisses*, ocracées ou ferrugineuses, en général ovoïdes.

Plantes terrestres ou lignicoles.

Le genre Pholiota est très voisin de Flammula qui a aussi des espèces lignicoles et pourvu d'un voile, mais dans ce dernier genre le voile ne forme jamais un anneau membraneux et les lames sont simplement adnées ou décurrentes.

On divise les Pholiota en trois sections :

* *Humigeni*. Plantes terrestres, rarement cœspiteuses.

Espèces principales : *Ph. erebia*, *Ph. togularis*, *Ph. præcox*, etc.

** *Truncigeni*. Lignatiles, souvent cœspiteuses, quelquefois radicantes.

Espèces principales : *Ph. radicosa*, *Ph. ægerita*, *Ph. destruens*, *Ph. squarrosa*, *Ph. tuberculosa*, etc.

*** *Muscigeni*. Petites espèces hygrophanes, très affines aux *Galera* dont elles diffèrent par la présence d'un anneau.

Espèces principales : *Ph. mycenoides*, *Ph. paludosa*, etc.

Genre 39. — CORTINARIUS Fr.

Chapeau et stipe charnus, confluents ; voile aranéeux (*cortine*) ; lames plus ou moins adnées ; basides à quatre stérigmates ; cystides de formes variables, mais jamais verruqueuses au sommet ; spores ocracées, ovoïdes, *lisses* ou *asperulées*. Plantes terrestres.

Plusieurs espèces contiennent des laticifères ; le voile peut être sec ou visqueux.

Le genre Cortinarius est très riche en espèces qui souvent sont parées des teintes les plus vives ; il est voisin de Pholiota et a aussi des relations avec Inocybe et Hebeloma.

On le divise de la manière suivante :

1° *Phlegmacium*. Chapeau charnu à pellicule visqueuse. Cortine et stipe secs.

Espèces principales : *C. triumphans*, *C. infractus*, *C. multiformis*, etc.

2° *Myxacium*. Chapeau glutineux ; cortine et stipe visqueux.

Lames adnées, décurrentes.

Espèces principales : *C. collinitus*, *C. vibratilis*, *C. delibutus*, etc.

3° *Inoloma*. Chapeau charnu, sec, squameux ou fibrilleux, soyeux, non hygrophane. Voile simple. Stipe un peu bulbeux.

Espèces principales : *C. argentatus*, *C. violaceus*, *C. Bulliardi*, *C. bolaris*, etc.

4° *Dermocybe*. Chapeau ténu, d'abord villeux, puis glabre, sec, non hygrophane ; stipe grêle non bulbeux ; voile simple fibrilleux.

Espèces principales : *C. miltinus*, *C. anomalus*, etc.

5° *Telamonia*. Voile double, *annuliforme*. Chapeau humide, hygrophane, glabre ou couvert de fibrilles superficielles.

Espèces principales : *C. torvus*, *C. hæmatochelis*, *C. limonius*, etc.

6° *Hydrocybe*. Chapeau mince, glabre, hygrophane, non visqueux. Stipe rigide, cartilagineux ; cortine ténue fibrilleuse.

Espèces principales : *C. armeniacus*, *C. dilutus*, *C. jubarinus*, etc.

Genre 40. — Hebeloma Fr.

Stipe charnu, fibreux, continu et homogène avec l'hyménophore, farineux au sommet. Chapeau charnu, subvisqueux, glabre, à marge d'abord incurvée ; lames *sinuées*, blanchâtres. Spores ferrugineuses ou argillacées, ovoïdes, lisses. Voile partiel cortiniforme, persistant soit en fibrilles à la marge du chapeau, soit en anneau filamenteux autour du stipe. Champignons terrestres.

Les Hebeloma répondent aux Tricholoma dans les leucosporés ; ils sont très voisins des Inocybes, mais s'en éloignent par leurs cystides qui ne sont jamais verruqueuses au sommet.

On les divise en deux sections :

* *Indusiati*. Cortine persistant en fibrilles à la marge du chapeau.

Espèces principales : *H. versipellis*, *H. testacea*, etc.

** *Denudati*. Voile nul ou très fugace.

Espèces principales : *H. crustuliniformis*, *H. sinapizans*, etc.

Genre 41. — Inocybe Fr.

Chapeau et stipe charnus, confluents ; voile général soudé avec la pellicule du chapeau ; cortine fugace. Lames simplement adnées ; basides à quatre stérigmates : *cystides*, rarement nulles, de forme caractéristique : ce sont des cellules allongées, renflées, à parois épaisses, *tronquées et verruqueuses* au sommet. La marge des lames est souvent rendue floconneuse par des touffes de grosses cellules minces et lisses, provenant d'une hypertrophie de la trame et qui ne doivent pas être confondues avec les cystides. Les *spores* peuvent être *lisses*, ovoïdes ou un peu courbées, ou bien *échinulées*, anguleuses ou verruqueuses, allongées ou subglobuleuses.

Le chapeau est ordinairement mamelonné, la surface est lisse ou crevassée, sèche ou visqueuse. La chair est blanche, mais dans beaucoup d'espèces elle se colore à l'air en rouge, violacé, etc.

Plantes terrestres, très rarement lignicoles.

Nous les diviserons en deux sections parallèles :

* *Levispori*. Spores lisses.

Espèces principales : *I. Trinii*, *I. jurana*, *I. corydalina*, *I. rimosa*, *I. pyriodora*, *I. obscura*, *I. cincinnata*, *I. fastigiata*, *I. geophila*, etc.

** *Angulispori*. Spores anguleuses ou échinulées.

Espèces principales : *I. scabella*, *I. calospora*, *I. umbratica*, *I. asterospora*, *I. præterrisa*, *I. lanuginosa*, etc.

Genre 42. — Bipartites Karst.

Chapeau soyeux, sec ou visqueux, plan ou déprimé ; cortine fugace. Lames *décurrentes*. Spores *anguleuses* d'un brun pâle.

Plantes terrestres.

Ce groupe est très voisin du précédent.

Espèces principales : *R. tricholoma*, *R. scambus*, etc.

Genre 43. — Flammula Fr.

Stipe charnu, fibreux, mou, farineux au sommet, confluent et homogène avec le chapeau. Chapeau charnu, à marge d'abord involutée, souvent pourvue d'une pellicule plus ou moins séparable, glabre, humide ou visqueuse. Lames *décurrentes* ou largement adnées. Voile partiel fibrilleux, cortiniforme ou nul. Spores *lisses*, ovoïdes, ferrugineuses, jaune d'ocre ou brique. Plantes terrestres ou lignicoles.

Genre très-voisin de Pholiota, Cortinarius et Hebeloma.

On le divise de la manière suivante :

1. *Lubrici*. Cortine fibrilleuse. Chapeau couvert d'une pellicule visqueuse.

Espèces principales : *Fl. gummosa*, *Fl. lubrica*, *Fl. carbonaria*, etc.

2. *Udi*. Cortine appendiculée. Cuticule du chapeau humide. Lignicoles.

Espèces principales : *Fl. astragalina*, *Fl. flavida*, *Fl. azyma*, etc.

3. *Sapinei*. Voile persistant en fibrilles sur le stipe. Espèces pinicoles.

Espèces principales : *Fl. sapinea*, *Fl. liquiritiæ*, *Fl. picrea*, etc.

Genre 44. — NAUCORIA Fr.

Stipe cartilagineux, creux ou rempli de moëlle, grêle, confluent avec un chapeau membraneux, glabre villeux ou squamuleux, à marge incurvée dans le jeune âge.

Lames adnées, non décurrentes ; basides à deux ou quatre stérigmates ; cystides variables, souvent étirées en pointe au sommet ; spores ovoïdes, lisses, ocracées brunes ou briques. Voile nul ou fugace montrant rarement des débris à la marge ou sur le stipe. Plantes terrestres.

Le genre Naucoria répond à Collybia et à Leptonia.

On le divise en trois sections :

* *Gymnoti*. Chapeau glabre, ou portant simplement des cellules saillantes, spores ferrugineuses.

Espèces principales : *N. cucumis*, *N. badipes*, *N. hilaris*, etc.

** *Phaeoti*. Spores brunes ; voile peu apparent.

Espèces principales : *N. arvalis*, *N. pediades*, *N. scorpioides*, etc.

*** *Lepidoti*. Spores ferrugineuses ; chapeau floconneux ou squamuleux ; voile manifeste.

Espèces principales : *N. siparia*, *N. conspersa*, *N. limbata*, etc.

Genre 45. — GALERA Fr.

Stipe creux *cartilagineux*, lisse ou strié, continu avec un chapeau *membraneux*. Chapeau à marge droite et appliquée sur le stipe comme dans Mycena et Nolanea. Lames adnées ou à peine décurrentes par une dent. Basides à quatre stérigmates ; cystides variables, quelquefois globuleuses et surmontées d'un petit bouton. Spores ovoïdes, droites ou courbées, ocracées ferrugineuses.

Plantes grêles naissant à l'automne parmi les mousses, à chapeau conique non déprimé, lisse ou strié sur les bords, souvent hygrophane.

Espèces principales : *G. tener*, *G. hypnorum*, *G. lateritia*, etc.

Genre 46. — TUBARIA Fr.

Stipe cartilagineux, creux, confluent, mais hétérogène avec le chapeau. Chapeau déprimé, membraneux, à marge d'abord incurvée. Lames décurrentes ou largement adnées. Cystides variables souvent en massue. Spores lisses, ovoïdes, ferrugineuses ou brunâtres.

Plantes terrestres.

Espèces principales : *T. furfuracea*, etc.

Genre 47. — Crepidotus Fr.

Voile nul. Stipe latéral, excentrique ou nul. Chapeau excentrique ou résupiné. Spores ovoïdes, ocracées ou brunes ferrugineuses.

Ce genre répond à Pleurotus dans les Leucosporés et à Dochmiopus dans les Rhodosporés. Quelques espèces ont les spores brunes noirâtres et passent aux Pratelles.

Plantes lignicoles, très rarement terrestres.

Espèces principales : *Cr. mollis*, *Cr. epibryus*, *Cr. scalaris*, etc.

PRATELLAE.

α. **Chapeau et stipe distincts, facilement séparables.**

Genre 48. — Chitonia Fr.

Chapeau charnu, distinct et séparable du stipe, enveloppé dans le jeune âge d'un voile général membraneux persistant. Lames libres ; spores d'un roux pourpre. Plantes terrestres.

Ce genre correspond à Amanita et à Volvaria.

Espèce principale : *Chit. coprinus*.

Genre 49. — Agaricus (L.) Karst.

Volva nulle. Anneau membraneux. Chapeau et stipe charnus facilement séparables. Lames libres ; basides à quatre stérigmates ; cystides variables ou nulles ; spores ovoïdes, lisses, à gouttelettes internes, de couleur roux-pourpre. Plantes terrestres.

Le genre Agaricus correspond à Lepiota dans les leucosporés et à Annularia dans les rhodosporés.

Espèces principales : *Ag. campestris*, *Ag. arvensis*, *Ag. sylvaticus*, *Ag. comtulus*, etc.

Genre 50. — PILOSACE Fr.

Volva et anneau nuls. Chapeau et stipe facilement séparables ; lames libres d'abord rosées, puis noires pourprées. Spores subglobuleuses.

Genre correspondant à Pluteus dans les rhodosporés.

Espèce principale : *Pil. algeriensis.*

Genre 51. — STROPHARIA Fr.

Genre correspondant à Armillaria et Pholiota. Le stipe est confluent et homogène avec le chapeau. Le champignon est d'abord enveloppé dans un voile général fibrilleux ; ce voile se déchire autour de la marge, une partie persiste en fibrilles sur le chapeau ou disparaît ; l'autre partie chausse le stipe sur une grande longueur, puis devient libre et forme un anneau membraneux ou fibrilleux. Les lames sont plus ou moins largement adnées, pourpres, rousses ou noirâtres. Basides subglobuleuses ; cystides variables (Pl. 2, fig. 40) ; spores pourpres noires, avec un large pore germinatif.

Espèces terrestres, fimicoles ou épiphytes.

On les divise en deux sections :

* *Viscipelles.* Chapeau à pellicule lisse ou squameuse, souvent visqueuse.

Espèces principales : *Str. Semiglobata, Str. melasperma,* etc.

** *Spintrigeri.* Chapeau sans pellicule, mais fibrilleux et non visqueux.

Espèces principales : *Str. calceata, Str. aculeata,* etc.

Genre 52. — LACRYMARIA Pat.

Chapeau charnu, convexe, squameux ou fibrilleux soyeux, *mou* ; lames adnées ; basides à quatre stérigmates ; cystides en massue allongée ; *spores* ovoïdes, rousses pourprées, *muriquées* (Pl. 2, fig. 41). Stipe creux, portant d'ordinaire au sommet une pruinosité causée par des poils très courts cystidiformes. Cortine *laineuse*, persistante en anneau sur le stipe.

Les lames sont souvent tachetées de noir et ont la marge floconneuse. Plantes terrestres ou croissant au voisinage des troncs. Par les temps humides, les lames sont chargées de gouttelettes aqueuses.

Espèces principales : *L. lacrymabundum*[1], *L. velutinum*, etc.

Genre 53. — Hypholoma (Fr.)

Chapeau à marge d'abord incurvée, couvert d'une pellicule non séparable ; *fragile* ; lames sinuées adnées ; basides à quatre stérigmates ; cystides variables ; spores ovoïdes, *lisses*, pourprées. Stipe creux fragile. Voile persistant en débris à la marge du chapeau, ou en portion d'anneau sur le stipe.

Plantes souvent cœspiteuses, terrestres ou lignatiles, fugaces.

Espèces principales : *H. Candolleanum*, *H. appendiculatum*. *H. cascum*, etc.

Genre 54. — Psilocybe (Fr.)

Voile nul ou très fugace. Stipe tubuleux ou rempli de moëlle, souvent radicant, subcartilagineux, confluent mais hétérogène avec l'hyménophore. Chapeau peu charnu, glabre, à marge d'abord *incurvée*, sec ou visqueux. Lames adnées, fuscescentes ou pourprées ; cystides variables ; spores ovoïdes, *lisses*.

Le genre Psilocybe rappelle le genre Collybia dans les leucosporés. Plantes terrestres ou du voisinage des troncs.

[1] *Tabulæ* n° 117.

Espèces principales : *P. bullacea*, *P. ericæa*, *P. agraria*, etc.

Genre 55. — Psathyra Fr.

Voile nul ou floconneux fibrilleux, fugace. Stipe tubuleux, cartilagineux. Chapeau à marge d'abord *droite* et appliquée contre le stipe. Lames adnées, pourprées ou fuscescentes ; cystides variables (Pl. 2, fig. 12) ; spores ovoïdes, lisses, rousses ou noires pourprés.

Plantes terrestres ou lignicoles.

Ce groupe diffère du précédent comme Mycena diffère de Collybia.

On le divise en trois sections :

* *Conopilei*. Chapeau conique campanulé ; voile nul.

Espèces principales : *P. conopilea*, *P. gyroflexa*, etc.

** *Obtusati*. Chapeau campanulé, convexe ; voile nul.

Espèces principales : *P. fœnisecii*, *P. spadiceo-grisea*, etc.

*** *Fibrillosi*. Voile universel fugace.

Espèces principales : *P. bifrons*, *P. fatua*, *P. gossypina*, etc.

Genre 56. — Deconica Sm.

Chapeau mince, plan ou ombiliqué, à marge d'abord incurvée ; voile nul ou adhérent à la marge, ne formant jamais anneau. Stipe cartilagineux, confluent et hétérogène avec l'hyménophore. Lames *décurrentes* ou très largement adnées et élargies près du stipe. Spores ovoïdes lisses.

Plantes coprophiles.

Espèces principales : *D. coprophila*, *D. physaloides*, etc.

MELANOSPORI.

Genre 57. — Montagnites Fr.

Voile général volvacé, persistant. Stipe dilaté à son sommet en un disque au pourtour duquel sont insérées des lames rayonnantes non recouvertes par une pellicule. Spores oblongues, lisses, noires ou roussâtres.

Genre intermédiaire entre les Agaricinés et les Gastéromycètes.

Espèce principale : *M. Candollei* des sables maritimes du midi de la France et d'Algérie.

Genre 58. — Gomphidius Fr.

Stipe charnu, s'épanouissant en un chapeau continu et homogène. Lames décurrentes, mucilagineuses. Basides à quatre stérigmates ; cystides cylindracées revêtues à la partie supérieure d'un enduit cireux (Pl. 2, fig. 43) ; spores lisses, ovoïdes allongées, pourvues de gouttelettes, grises ou noirâtres. Voile filamenteux, cortiniforme. Plantes terrestres.

Ce genre de Melanosporés correspond à Hygrophorus dans les leucosporés.

Espèces principales : *G. viscidus*, *G. glutinosus*, etc.

Genre 59. — Coprinus Fr.

Voile général membraneux ou floconneux distinct de la pellicule du chapeau, souvent persistant en cupule à la base du stipe ou en débris sur l'hyménophore. Voile partiel persistant sur le stipe en un *anneau mobile* ; quelquefois nul. Stipe distinct de l'hyménophore, souvent dilaté au sommet en un disque ou *collarium* au pourtour duquel s'insèrent les lames. Celles-ci sont en général noirâtres et ordinairement *déliquescentes* ; basides en massue à quatre stérigmates ; cystides nombreuses souvent énormes ; spores noires ou fuscescentes, lisses, ovoïdes, lenticulaires, ou irrégulières (Pl. 3, fig. 1, 2, 3, 6).

Plantes lignicoles ou fimicoles, isolées ou cœspiteuses.

On les divise en deux sections :

* *Eucoprinus*. Spores noires.

Espèces principales : *C. fimetarius*, *C. sterquilinus*, *C. domesticus*, etc.

** *Coprinopsis* Krst. Spores brunes ou brunes purpurescentes.

Espèces principales : *C. Friesii; C. phæosporus*, *C. tigrinellus*, *C. semistriatus*, etc.

Genre 60. — Anellaria Krst.

Chapeau membraneux, lisse, luisant, non strié à la marge. Lames noirâtres tachetées ; stipe distinct de l'hyménophore, grêle, pourvu d'un *anneau membraneux*. Spores ovoïdes, noires.

Plantes fimicoles.

Espèce principale : *A. separata*.

Genre 61. — Panaeolus (Fr.)

Voile nul ou fugace et ne laissant que quelques débris à la marge du chapeau. Chapeau campanulé, membraneux, *non strié* sur les bords, sec ou visqueux, à marge dépassant les lames. Stipe distinct, grêle, rigide, jamais annulé. Lames adnées, larges, tachetées de noir. Spores ovoïdes (Pl. 2, fig. 45), noires, lisses.

Plantes fimicoles.

Espèces principales : *P. sphinctrinus*, *P. campanulatus*, etc.

Genre 62. — Psathyrella Fr.

Voile nul, ou fugace et filamenteux. Stipe confluent mais hétérogène avec l'hyménophore. Chapeau membraneux, *strié*, à marge d'abord droite et appliquée sur le stipe. Lames noires, fuligneuses, non tachetées, adnées, molles. Spores ovoïdes, noires. Marge du chapeau ne dépassant pas les lames.

Quelques espèces ont le chapeau couvert de petits atomes brillants, phénomène qui est dû à la présence de grosses cellules saillantes (Pl. 2, fig. 44).

Plantes terrestres ou lignicoles.

Espèces principales : *P. atomata*, *P. disseminata*, etc.

TRIBU DES CANTHARELLÉS.

Genre 63. — Geopetalum Pat.

Stipe central, excentrique ou latéral, dilaté en un chapeau charnu membraneux, plan ou ombiliqué. Lames simples ou rameuses, décurrentes, pruineuses, d'abord obtuses, puis à tranche aiguë. Basides à quatre stérigmates. Cystides allongées, à parois épaisses très saillantes et *rugueuses* dans toute la partie qui est en dehors de l'hymenium, elles descendent profondément dans la trame. Spores ovoïdes allongées, lisses.

Plantes terrestres ou croissant à la base des troncs.

Espèces principales : *G. petaloïdes*, *G. carbonarium*, *G. geogenium*, etc.

Genre 64. — Arrhenia Fr.

Champignons membraneux, mous, à stipe latéral ou nul. Hymenium portant un petit nombre de *rides* peu saillantes, simples, non décurrentes. Spores incolores, ovoïdes ou subglobuleuses.

Plantes terrestres ou épixyles.

Espèces principales : *A. tenella*, *A. cupularis*, etc.

Genre 65. — Nyctalis Fr.

Champignons charnus à stipe central homogène avec le chapeau. Voile général fugace. Hymenium portant des plis épais, simples, non décurrents. Basides à quatre stérigmates; spores incolores, ovoïdes.

Plantes parasites des champignons pourris ou terrestres.

Espèces principales: *Nyctalis asterophora*, *N. parasitica*, etc.

Genre 66. — Cantharellus (Fr.)

Champignons charnus à stipe central ou excentrique, parfois rameux. Hymenium portant des lames épaisses, décurrentes, nombreuses, rameuses dichotomes. Basides quelquefois à quatre (*C. cupulatus*, Pl. 3, fig. 7) mais plus ordinairement à 5, 6 ou 8 stérigmates (Pl. 3, fig. 8); cystides nulles; spores ovoïdes, incolores. Voile nul ou floconneux, fugace.

Plantes terrestres.

Espèces principales: *C. cibarius*, *C. aurantiacus*, *C. cinereus*, *C. Friesii*, *C. cupulatus*, *C. lutescens*, etc.

Genre 67. — Craterellus (Fr.)

Champignons charnus ou membraneux, à stipe dilaté à son sommet en un chapeau plus ou moins ombiliqué. Hymenium infère, d'abord lisse, puis couvert de plis ou rides distants. Basides à deux (*Cr. cornucopioïdes*, Pl. 3, fig. 11) ou à quatre stérigmates (Pl. 3, fig. 10). Cystides nulles. Spores ovoïdes incolores.

Plantes terrestres.

Ce genre est très voisin du précédent dont il ne diffère que par son hymenium lisse au moins au début.

Espèces principales: *Cr. cornucopioïdes*, *Cr. crispus*, *Cr. ochreatus*, etc.

Genre 68. — Dyctiolus Quel.

Champignons membraneux, petits, à stipe latéral ou nul. Hymenium plissé réticulé. Basides à quatre stérigmates. Cystides nulles. Spores blanches, ovoïdes.

Plantes croissant sur les mousses ou le bois pourri.

On les divise en deux sections :

* *Byrophili*. Espèces muscicoles.

Espèces principales : *D. spathulatus*, *D. muscigenus*, *D. retirugus*, *D. lobatus*, *D. muscorum*, etc.

** *Lignatiles*. Espèces lignicoles.

Espèces principales : *D. applicatus* et quelques autres.

Genre 69. — Trogia Fr.

Genre formé de plantes membraneuses, persistantes et reviviscentes, à hymenium étendu sur des lames anastomosées pliciformes, à tranche épaisse, crispée ou canaliculée. Basides à quatre stérigmates. Spores incolores, cylindriques et *courbées* (au moins dans l'espèce européenne).

Plantes lignicoles à stipe latéral ou nul.

Une seule espèce en Europe : *Trogia crispa*.

Genre 70. — Nevrophyllum Pat.

Champignons charnus coriaces, claviformes ou excentriques, à hymenium infère d'abord lisse puis couvert de plis épais, nombreux, décurrents, séparables du tissu du chapeau à la manière des *Paxilli*. Basides à quatre stérigmates ; cystides nulles ; spores ovoïdes, brunes ocracées.

Plantes terrestres, cœspiteuses.

Espèce principale : *N. clavatum*.

TRIBU DES PAXILLÉS.

Genre 71. — Paxillus (Fr.)

Champignons charnus à chapeau entier, *non involuté* à la marge, à stipe *central*. Lames décurrentes, larges, séparables de l'hyménophore ; cystides saillantes, cylindracées, ordinairement gorgées d'un suc jaunâtre. Spores jaunes, ovoïdes allongées, à 2-3 gouttelettes.

Plantes terrestres.

Espèces principales : *P. Tammii*, *P. paradoxus*, etc.

Genre 72. — Tapinia (Fr.)

Champignons charnus, mous, à chapeau *involuté* sur les bords. Stipe excentrique ou nul. Lames décurrentes, molles, séparables de l'hyménophore, souvent anastomosées entre elles à la base, à tranche mince (excepté dans *T. panuoïdes* où les lames sont épaisses et comme crispées dans le jeune âge). Spores ovoïdes, ferrugineuses.

Plantes terrestres ou lignicoles.

Espèces principales : *T. involuta*, *T. atro-tomentosa*, *T. panuoïdes*, etc.

TRIBU DES BOLETÉS.

Genre 72. — Gyroporus (Q.)

Chapeau charnu à surface villeuse ; stipe solide, lisse, médulleux, glabre ou villeux ; tubes facilement séparables, blanchâtres, entiers ; basides claviformes à quatre stérigmates ; cystides en massue ; spores *blanches*, ovoïdes, lisses.

Plantes terrestres.

Espèces principales : *G. castaneus*, *G. cyanescens*, etc.

Genre 73. — TYLOPILUS Karst.

Chapeau charnu, glabre; stipe solide, veiné *réticulé* à la partie supérieure. Tubes d'abord blancs, puis incarnats. Spores *roses.*

Plantes terrestres.

Espèce principale : *T. felleus.*

Genre 74. — BOLETUS (Fr.)

Chapeau charnu, glabre ou villeux tomenteux; stipe solide, lisse, rugueux ou réticulé; voile général annuliforme ou nul. Tubes longs, facilement séparables de l'hyménophore; basides claviformes; cystides allongées, jaunâtres; spores ovoïdes lisses *ocracées ou ferrugineuses.*

Plantes terrestres.

On les divise de la manière suivante :

* *Viscipellis.* Chapeau couvert d'une pellicule visqueuse.

Espèces principales : *Bol. luteus, Bol. viscidus, Bol. granulatus, Bol. piperatus,* etc.

** *Versipellis.* Chapeau villeux ou pruineux.

Espèces principales : *Bol. chrysenteron, Bol. scaber, Bol. versipellis,* etc.

*** *Dictyopus.* Stipe réticulé, volumineux.

Espèces principales : *Bol. edulis, Bol. luridus, Bol. tuberosus,* etc.

Genre 75. — GYRODON Opat.

Chapeau charnu, visqueux ou villeux humide; stipe lisse. Tubes *très courts,* difficilement séparables de l'hyménophore; pores sinueux, lacérés, *contournés-plissés.* Spores jaunâtres.

Plantes terrestres.

Espèces principales : *Gyr. rubescens, G. sistotrema,* etc.

Genre 76. — Boletinus Kalch.

Chapeau charnu, floconneux. Stipe pourvu d'un anneau. Tubes non séparables de l'hyménophore, grands, celluleux-lamelleux. Spores jaunes. Plantes terrestres.

Espèce principale : *Bol. cavipes.*

Genre 76. — Strobylomyces Berk.

Chapeau charnu coriace ; stipe rigide ferme. *Voile général laineux,* formant de larges *écailles dressées* sur le chapeau et sur le stipe. Tubes fortement adhérents à l'hyménophore ; pores irréguliers, sinueux ; basides volumineuses, claviformes, à quatre stérigmates ; cystides étirées en pointe au sommet. Spores *subglobuleuses,* d'un brun roussâtre, *ruguleuses* (Pl. 3, fig. 16). On rencontre des laticifères dans le tissu.

Plantes terrestres.

Espèces principales : *Str. strobylaceus, Str. floccopus.*

Chapitre X.

Famille II. — POLYPORÉS.

A. LEUCOSPORI.

Genre 77. — Lenzites Fr.

Champignons subéreux, dimidiés ou atténués en un tubercule stiptiforme court. Hymenium sur des lames épaisses, sèches, coriaces, divergentes, non interrompues, mais présentant des parties alternativement plus larges et plus étroites, fréquemment anastomosées à la base. Basides à quatre stérigmates. Cystides nulles ou peu marquées. Spores incolores, ovoïdes, cylindracées, droites ou courbées. Plantes lignatiles.

Le tissu du chapeau est formé d'hyphes à parois épaisses, qu'on retrouve également dans la trame des lames. La surface du chapeau est glabre ou villeuse. La chair est blanche, pâle ou fortement colorée.

Ce genre est très voisin de *Dædalea ;* quelques espèces ont parfois l'hymenium entièrement poreux. La structure des Lenzites les éloigne des Agaricinés et les rapproche naturellement des Polyporés.

Nous les diviserons en deux sections :

* *Eulenzites* Karst. Tissu de couleur blanche ou pâle.

Espèces principales : *L. betulina, L. flaccida, L. variegata, L. tricolor, L. trabea*, etc.

** *Glœophyllum* Karst. Tissu de coloration obscure, brune ou rousse.

Espèces principales : *L. sæpiaria, L. abietina*, etc.

Genre 78. — Irpex (Fr.)

Champignons subéreux-coriaces, minces, dimidiés ou résupinés. Hymenium lamelleux. Lames *interrompues*, disposées en séries rayonnantes. Spores ovoïdes ou cylindracées. Cystides petites, souvent terminées par un cristal d'oxalate de chaux. Plantes lignatiles.

Ce genre pourrait être réuni au précédent dont il n'est qu'une dégradation ; dans les Lenzites les lames ne sont pas interrompues, mais elles ont une tendance à se couper, comme l'indiquent les parties étroites des lames, parties qui sont disposées par séries concentriques ; dans les Irpex, le retrécissement des lames est tel, que l'organe manque par places, donnant ainsi à la plante un aspect tout différent.

Nous avons éloigné du genre Irpex de Fries toutes les espèces à hymenium primitivement poreux pour former le genre *Xylodon* qui n'a pas d'affinité avec les Lenzites.

Espèces principales : *Irpex fusco-violaceus* et quelques autres.

Genre 79. — Dœdalea Pers.

Champignons subéreux coriaces, sessiles, dimidiés ou résupinés, à trame floconneuse se continuant sans modification dans l'hymenium. Celui-ci est à l'origine entièrement formé de pores réguliers creusés dans le tissu du chapeau : plus tard ces pores deviennent *sinueux*, plus ou moins *labyrinthés*. Spores blanches, ovoïdes. Plantes lignatiles.

Ce genre est intermédiaire entre les Lenzites et Trametes.

Espèces principales : *D. quercina*, *D. cinerea*, *D. unicolor*, etc.

Genre 80. — Trametes Fr.

Champignons ligneux ou subéreux, sessiles, dimidiés ou résupinés, à chair pâle ou fortement colorée. Hymenium formé de pores *réguliers* ne devenant jamais labyrinthés, creusés dans la substance du chapeau. Spores blanches, cylindriques ou ovoïdes. Plantes lignatiles.

Très voisin du genre précédent.

On peut diviser les Trametes en deux sections :

* *Eutrametes*. Tissu blanc ou pâle.

Espèces principales : *Tr. gibbosa*, *Tr. rubescens*, *Tr. suaveolens*, *Tr. serpens*, etc.

** *Pycnoporus* (Karst.). Tissu de couleur foncée.

Espèces principales : *Tr. cinnabarina*, *Tr. pini*, etc.

Genre 81. — Merulius (Fr.)

Champignons mous, céracés, membraneux ou coriaces, dimidiés ou résupinés, minces, lignicoles, à hymenium étendu sur une surface *incomplètement poreuse* ou sinuée-réticulée. Basides à quatre stérigmates ; cystides peu marquées ; spores ovoïdes, incolores.

Espèces principales : *M. corium*, *M. tremellosus*, *M. molluscus*, etc.

Genre 82. — Favolus Fr.

Champignons charnus-coriaces, minces, épixyles, sessiles et dimidiés ou à stipe latéral. Hymenium étendu sur une surface qui est dès l'origine réticulée par de larges alvéoles à arête obtuse et qui sont disposées en séries rayonnantes : par le développement ces alvéoles deviennent profondes et à parois minces. Basides à quatre stérigmates ; spores blanches, ovoïdes.

Les hyphes du tissu ont les parois épaisses, comme dans les Polyporés ligneux.

Ce genre a des rapports avec *Melanopus*, l'espèce européenne a souvent la base du stipe brune ou noirâtre.

Espèce principale : *F. europæus*.

Genre 83. — Polyporus (Mich.) Karst.

Chapeau *charnu* ou un peu élastique, non coriace, fragile entier, plus ou moins irrégulier, non zôné. Stipe central, dressé, simple, de la couleur du chapeau, ou tout au moins n'étant pas noir à la base. Pores petits, entiers ou denticulés, formant une couche distincte du tissu du chapeau. Spores blanches, ovoïdes, lisses. Plantes putrescentes, *terrestres*, automnales.

Le genre Polyporus comprend un petit nombre d'espèces, qu'on peut répartir en deux sections :

a. Chapeau squameux ou floconneux.

Esp. principales : *P. subsquamosus*, *P. ovinus*, *P. leucomelas*, etc.

b. Chapeau glabre, sec ou visqueux.

Esp. principales : *P. politus*, *P. viscosus*, etc.

Genre 84. — Leucoporus (Quel.)

Chapeau ténace, *élastique*, *coriace*, non zôné, ordinairement villeux ou squameux. Stipe glabre ou villeux, subcentral, coriace, concolore au chapeau ou n'ayant pas la partie inférieure noire. Tubes *courts* ; pores petits ou alvéolés, blancs, arrondis ou anguleux.

Basides à quatre stérigmates ; cystides nulles ou peu marquées ; spores incolores, lisses, cylindracées, droites ou courbées, hyalines. Plantes *troncicoles*, persistantes, à chair pâle.

Espèces principales : *L. brumalis*, *L. ciliatus*, *L. arcularius*, etc.

Genre 85. — Melanopus Pat.

Chapeau excentrique ou *latéral*, charnu-coriace, *élastique*, ténace, glabre ou squameux. Stipe *latéral*, élastique, *noir* à la base, pâle dans sa partie supérieure. Tubes courts, blanchâtres ; basides claviformes ; cystides nulles ou saillantes, grêles et incolores ; spores blanches, ovoïdes, droites ou un peu courbées, hyalines ou pourvues de 2-3 gouttelettes. Pores arrondis ou anguleux, entiers ou dentés, petits au moins à l'origine et devenant alvéolés dans quelques espèces (*P. squamosus*).

Plantes lignicoles, persistantes, à tissu pâle.

Espèces principales : *M. squamosus*, *M. varius*, *M. picipes*, *M. elegans*, *M. nummularius*, etc.

Genre 86. — Cerioporus (Q.)

Chapeau latéral, épais, *subéreux* charnu, non zôné. Stipe cortiqué, *latéral*, solide, dressé, concolore au chapeau et n'ayant pas la base noirâtre. Tubes blanchâtres, allongés ; pores *alvéolés*, anguleux. Spores blanches. Plantes lignicoles, persistantes.

Genre voisin de Melanopus et de Leucoporus ; il diffère du premier par son stipe qui n'est jamais noir à la base et du second par son chapeau latéral.

Espèces principales : *C. hirtus* et quelques autres.

Genre 87. — Cladomeris (Q.)

Polyporés charnus, caséeux ou coriaces, *rameux*, à spores blanches, ovoïdes et lisses. Ces plantes sont formées d'un tronc commun, allongé ou tuberculiforme, duquel partent un nombre plus ou moins considérable de rameaux qui se terminent par une expansion en forme de chapeau. Les pores sont répartis sur la face inférieure de ces petits chapeaux et souvent aussi sur toute la partie des rameaux qui regarde le sol. Plantes lignicoles ou croissant au voisinage des troncs d'arbres.

Basides à quatre stérigmates ; cystides variables ou nulles. Les spores sont hyalines ou contiennent des gouttelettes dans leur intérieur. Les tubes sont généralement courts. Chair blanche ou blanchâtre.

On divise le genre Cladomeris de la manière suivante :

A. *Carnosi*. Plantes *charnues*, fermes, non zônées. Chapeaux ordinairement petits, latéraux et excentriques.

Espèces principales : *Cl. umbellata*, *Cl. frondosa*, *Cl. cristata*, etc.

B. *Lenti*. Plantes *élastiques*, un peu coriaces, zônées. Chapeaux latéraux, imbriqués.

Espèces principales : *Cl. gigantea*, *Cl. acanthoïdes*, *Cl. lobata*, etc.

C. *Caseosi*. Plantes à texture grenue, *caséeuse*, d'abord molles, puis sèches, fragiles, non zônées, à saveur acide. Chapeaux latéraux, sessiles, dimidiés, imbriqués.

Espèces principales : *Cl. sulfurea*, *Cl. imbricata*, etc.

D. *Suberosi*. Plantes *subéreuses* ou coriaces, persistantes, tenaces, zônées. Chapeaux sessiles, dimidiés, imbriqués.

Espèces principales : *Cl. saligna*, *Cl. imberbis*, etc.

Genre 88. — Polystictus (Fr.)

Polyporés rameux, ordinairement sessiles, dimidiés, imbriqués, lignicoles, à spores *blanches*, ovoïdes, lisses et à chair *colorée* en brun ou roussâtre. Basides allongées, à quatre stérigmates; cystides nulles ou peu marquées. Dans quelques espèces le tissu est mou, fibreux, spongieux et s'imbibe facilement d'eau ; ailleurs il est tenace et dur. Les chapeaux sont zônés à la surface qui est strigueuse, hispide ou simplement villeuse. Tubes plus ou moins allongés ; pores lacérés ou ponctiformes.

Espèces principales : *P. Schweinitzii*, *P. fuliginosus*, etc.

Genre 89. — PLACODES (Q.)

Polyporés apodes, sessiles, à tissu *blanc ou pâle*, revêtus d'une *croute dure* non zônée ou marquée de sillons concentriques ; spores ovoïdes, blanches ; tubes courts, non stratifiés, pores petits. Plantes lignicoles.

Espèces principales : *P. betulinus*, *P. marginatus*, *P. pinicola*, *P. annosus*, etc.

Genre 90. — CORIOLUS Q.

Chapeau sessile, dimidié, mince, membraneux, coriace, non recouvert d'une croûte ou pellicule ; surface *villeuse*, hispide, zônée ; chair compacte. Basides petites, ovoïdes-claviformes, à quatre stérigmates ; cystides nulles ou peu marquées ; spores petites, blanches, *ovoïdes, oblongues* ou subcylindriques, droites ou un peu courbées, hyalines ou à une gouttelette. Plantes lignicoles, à pores petits, arrondis ou dentés-anguleux.

Espèces principales : *C. versicolor*, *C. hirsutus*, *C. velutinus*, *C. zonatus*, *C. abietinus*, *C. Wynnei*, etc.

Genre 91. — LEPTOPORUS (Q.)

Chapeau sessile, dimidié, villeux, *épais*, fibreux, non recouvert d'une pellicule ; surface *non zônée* ; tubes grêles, allongés ; pores denticulés, petits ; chair blanche marquée de zônes concentriques, discolores. Spores *cylindriques*, droites ou *courbées*, petites. Plantes lignicoles.

Espèces principales : *L. lacteus*, *L. cæsius*, etc.

Genre 92. — Spongipellis Pat.

Chapeau sessile, dimidié ou atténué, compact, à *tissu blanc*, fibreux, *spongieux* ; surface velue hispide, *sans pellicule*. Tubes allongés, pores petits. Spores moyennes, *ovoïdes arrondies*, blanches, à une gouttelette. Plantes lignicoles.

Ce genre diffère de *Inonotus* par sa chair blanche et de *Inodermus* par sa chair et ses spores incolores.

Espèces principales : *S. spumeus* et quelques autres.

Genre 93. — Fomes Fr.

Chapeau sessile, dimidié, résupiné dans les individus mal développés, dur, ligneux, sans suc, couvert d'une croûte rigide, cornée ou d'une couche serrée et finement villeuse. La surface est marquée de sillons concentriques correspondants à des périodes successives de végétation. Tissu fortement *coloré*. Tubes petits, serrés, souvent stratifiés : cystides nulles ou très saillantes et épaisses, colorées, aiguës : spores incolores, ovoïdes, *subglobuleuses*, lisses, hyalines ou à une gouttelette.

Plantes lignicoles, *vivaces*, persistantes.

Espèces principales : *F. fomentarius*, *F. igniarius*, *F. nigricans*, *F. fuscopurpureus*, *F. fulvus*, *F. evonymi*, *F. ribis*, *F. pectinatus*, *F. conchatus*, etc.

Genre 94. — Inonotus (Karst.)

Chapeau *mou*, fibreux, sessile, non recouvert d'une pellicule ou d'une croûte, villeux, *spongieux*. Tissu *coloré*; basides claviformes à quatre stérigmates; cystides nulles ou courbées en crochet aigu; spores ovoïdes, incolores, hyalines ou à gouttelettes internes. Pores petits, sinueux, colorés. Plantes lignicoles, annuelles.

Espèces principales: *I. nidulans*, etc.

Genre 95. — Poria Pers.

Genre hétérogène formé d'espèces *résupinées*, à trame mince ou nulle et à pores entiers, petits ou alvéolés, anguleux. Les basides ont une forme variable selon les espèces, elles sont allongées *claviformes* dans *P. macer*, *P. ferruginosa*, etc., ovoïdes, *subglobuleuses* dans *P. incarnata*, *P. obducens*, *P. sanguinolenta*, etc. Les cystides sont souvent nulles, quelquefois elles sont ovoïdes, incolores et surmontées d'une petite pointe (*P. incarnata*), d'autres fois elles sont très allongées, aiguës, à parois épaisses et colorées (*P. ferruginosa*), analogues à celles de quelques Fomes et Inonotus. Les spores sont également très variables: cylindriques et *arquées* dans *P. sanguinolenta*, elles sont *ovoïdes allongées* dans *P. macer*, ovoïdes *arrondies* dans *P. vulgaris*, *P. medulla panis*, *P. incarnata*, etc.

Les tubes sont en général disposés en une couche unique; ils sont stratifiés dans *P. obducens*. Le tissu est blanc dans un grand nombre de cas; il est coloré à la manière des Fomes dans *P. ferruginosa*. Plantes lignicoles ou terrestres.

Le genre Poria ne doit être maintenu que jusqu'à ce qu'une étude complète permette de rattacher ses nombreuses espèces comme types dégradés, à divers genres de Polyporés.

Espèces principales: *P. ferruginosa*, *P. violacea*, *P. incarnata*, *P. rhodella*, *P. medulla-panis*, *P. vulgaris*, *P. vaporaria*, *P. reticulata*, etc.

Genre 96. — Xylodon (Karst.)

Polyporés *résupinés*, coriaces, secs, à hymenium d'abord formé de pores réguliers anguleux, mais qui ne tardent pas à se développer inégalement pour former des *dents* ou des *lamellules inordinées*. Basides subglobuleuses, spores blanches, ovoïdes, lisses, à une gouttelette ou hyalines.

Plantes lignicoles.

Ce genre comprend un certain nombre d'espèces retirées du genre *Irpex* de Fries, qui ont l'hymenium manifestement poreux.

Espèces principales : *X. obliquum*, etc.

Genre 97. — Porothelium Fr.

Polyporés résupinés, minces, ténaces, membraneux, dont la face hyménifère est couverte de verrues distinctes qui se creusent à leur extrémité, de cavités tapissées par l'hymenium. Spores blanches, ovoïdes. Plantes lignicoles.

Espèces principales : *P. Friesii*, *P. lacerum*, etc.

B. CHROMOSPORI.

Genre 98. — Ganoderma (Karst.)

Polyporés fibreux, coriaces, élastiques, sessiles et dimidiés ou stipités excentriques, à chair colorée, brune ou roussâtre. Chapeau couvert d'une *croûte* rigide, *luisante*, fragile, formée par l'extrémité épaissie des hyphes du tissu. Basides subglobuleuses à quatre stérigmates ; cystides peu marquées ; spores *fauves-brunâtres*, ovoïdes, *verruqueuses*, ayant souvent une gouttelette interne (Pl. 3, fig. 21). Tubes allongés, bruns ; pores petits, arrondis entiers. Plantes lignicoles ou croissant au voisinage des troncs d'arbres.

Le tissu du chapeau montre des lignes divergentes, plus foncées, stériles dans les espèces européennes, mais qui sont de véritables tubes conidifères dans quelques espèces exotiques (*G. Obockense*).

Espèces principales : *G. lucidum*, *G. applanatum*, etc.

Genre 99. — Pelloporus Q.

Polyporés subéreux-coriaces, *terrestres*, à *stipe central*, à chair *colorée* et à spores *ovoïdes*, *fauves* et *lisses*. Basides claviformes, courtes, à quatre stérigmates. Le chapeau est villeux ou hispide et n'est jamais recouvert d'une croûte ou pellicule. Tubes courts ; pores petits et arrondis ou larges et alvéolés.

Espèces principales : *P. perennis*, *P. Montagnei*, *P. fimbriatus*, etc.

Genre 100. — Inodermus (Q.)

Chapeau sessile, dimidié, charnu-fibreux, *mou*, hispide, *spongieux*, à chair *colorée* et zonée. Tubes allongés, grêles ; pores petits. Basides claviformes, petites, à quatre stérigmates ; spores *fauves*, ovoïdes, *lisses*. Plantes lignicoles.

Espèces principales : *I. hispidus*, *I. cuticularis*, *I. rheades*, etc.

Genre 101. — Gyrophora Pat.

Polyporés sessiles, *résupinés*, a bords souvent libres et révolutés. Tissu *mou*, spongieux-charnu. Hymenium dans des tubes allongés, *sinueux*, plissés ou labyrinthés, *subgélatineux*. Spores brunes ocracées ou *ferrugineuses*, ovoïdes, subglobuleuses, *lisses*, très abondantes et donnant aux tubes un aspect pulvérulent.

Plantes croissant sur le bois mort dans les lieux humides.

Espèces principales : *G. lacrymans*, *G. umbrina*, etc.

Genre 102. — FISTULINA Fr.

Champignons charnus, sessiles ou atténués en stipe. La partie fructifère se présente d'abord sous l'aspect de pointes distinctes les unes des autres, libres entre elles, bientôt ces pointes s'ouvrent à l'extrémité et forment alors des tubes creux tapissés par l'hymenium. Basides claviformes à quatre stérigmates ; spores ovoïdes, lisses, *fauves*, à une gouttelette. Plantes lignicoles.

La chair est gorgée de suc, contenu dans les laticifères (Pl. 3, fig. 26). La couche supérieure du chapeau contient un appareil conidifère (Pl. 3, fig. 25).

Espèce principale : *F. hepatica*.

Chapitre XI.

Famille III. — HYDNÉS.

A. LEUCOSPORI.

Genre 103. — Sistotrema Pers.

Champignons charnus, stipités ou sessiles, à hymenium sur des lamellules entières ou bi-trifides, disposées sans ordre à la face inférieure du réceptacle : ces lamellules sont charnues céracées et se séparent très facilement de l'hyménophore ; les basides ont six stérigmates (au moins dans *S. confluens*). Spores petites, ovoïdes, incolores (Pl. 3, fig. 19).

Plantes terrestres ou troncicoles.

Espèces principales : *S. confluens*, *S. pachyodon*, etc.

Genre 104. — Hydnum (L.)

Champignons *charnus*, fermes, à stipe central. Aiguillons aigus, fragiles, glabres, pendants, blanchâtres ; basides claviformes, allongées, ordinairement à quatre stérigmates (parfois à deux ou trois) ; cystides nulles ou peu caractérisées ; spores *incolores*, ovoïdes ou subglobuleuses. Plantes terrestres, à chair blanche ou pâle et à saveur acidule.

Espèces principales : *H. repandum*, *H. rufescens*, etc.

Genre 105. — PLEURODON Quel.

Champignons *coriaces*, à chapeau excentrique entier ou lobé; à *stipe* latéral, rigide. Aiguillons aigus, courts, stériles à l'extrémité; basides claviformes à quatre stérigmates; cystides incolores, cylindracées, arrondies au sommet, peu saillantes; spores blanches, hyalines, lisses, *subglobuleuses*.

Plantes lignicoles.

Espèces principales: *P. auriscalpium*, *P. luteolum*, etc.

Genre 106. — LEPTODON Quel.

Hydnés coriaces, minces, *sessiles*, dimidiés ou étalés réfléchis, à aiguillons courts et grêles; spores ovoïdes blanches. Plantes lignicoles.

Espèces principales: *L. pudorinum*, *L. ochraceum*, etc.

Genre 107. — DRYODON Quel.

Hydnés charnus ou élastiques, coriaces, tuberculiformes, rameux, dimidiés ou résupinés; aiguillons pendants, très longs, simples ou bi-trifurqués, quelquefois applatis. Basides à deux ou quatre stérigmates; cystides peu marquées; spores incolores, lisses *globuleuses* (hyalines ou présentant une gouttelette centrale) ou *ovoïdes*.

Plantes lignicoles.

On peut diviser ce genre en deux sections:

A. Spores globuleuses.

Espèces principales: *D. coralloïdes*, *D. lacteum*, etc.

B. Spores ellipsoïdes.

Espèces principales: *Dry. setosum*, *D. macrodon*, etc.

Genre 108. — HERICIUM Pers.

Champignons charnus, dressés, en forme de massue, couverts à la partie supérieure d'aiguillons allongés, *dressés* et non pendants, pleins ou creux. Hymenium amphigène. Plantes troncicoles, intermédiaires entre les Hydnés et Clavariés.

Espèces principales : *H. Notarisii*, *H. echinus*, etc.

Genre 109. — ODONTINA Pat.

Champignons résupinés ou étalés réfléchis, à réceptacle mince, *coriace* ou pulvérulent ; aiguillons courts, villeux ou terminés par une petite touffe de poils ; cette disposition est due à la présence de cystides *très saillantes*, à parois souvent épaisses ou rugueuses et qui sont très abondantes à l'extrémité stérile des aiguillons. Basides claviformes, petites, à quatre stérigmates allongés : on les rencontre aussi bien entre les aiguillons que sur ceux-ci. Spores petites, ovoïdes, *lisses*, incolores.

Plantes lignicoles.

Espèces principales : *O. denticulata*, *O. junquillea*, *O. hyalina*, *O. stipata*, *O. farinacea*, etc.

Genre 110. — PHLEBIA Fr.

Champignons résupinés subgélatineux, céracés ou cartilagineux mous, couverts de *crêtes* divergentes, irrégulières, obtuses. Basides à quatre stérigmates, spores ovoïdes ou cylindriques et courbées.

Plantes corticoles.

Le genre Phlebia a des relations avec le genre *Corticium* par ses spores et sa consistance, mais nous le maintenons dans les Hydnés à cause de la grande analogie des formes entre ses crêtes et ce qu'on observe sur plusieurs *Leptodon* et *Radulum* qui ont à la périphérie de véritables crêtes se changeant en aiguillons au centre par de simples incisions.

Espèces principales : *Ph. radiata*, *Ph. merismoïdes*, etc.

Genre 111. — Radulum (Fr.)

Champignons résupinés, étalés, céracés ou coriaces. Surface hyménifère chargée de tubercules difformes, inégaux, allongés, à sommet obtus. Basides distribuées sur toute la surface. Spores blanches, lisses, ovoïdes ou allongées.

On doit rejeter du genre Radulum un certain nombre d'espèces (*R. lætum*, *R. aterrimum*, etc.) à spores cylindriques et arquées dont l'analogie avec les Corticium est évidente.

Espèces principales : *R. pendulum*, *R. quercinum*, *R. molare*, etc.

Genre 112. — Grandinia Fr.

Champignons résupinés, étalés, minces, crustacés, moux ou céracés, couverts de granules réguliers, glabres, subglobuleux. Basides distribuées sur toute la surface hyménifère ; elles ont quatre stérigmates : spores petites, incolores, ovoïdes ou globuleuses, hyalines ou munies d'une gouttelette.

Plantes épixyles.

Espèces principales : *Gr. granulosa*, *G. mucida*, *Gr. crustosa*, etc.

Genre 113. — Mucronella Fr.

Réceptacle nul ; aiguillons simples, aigus, glabres, pendants. Basides monospores (toujours ?) ; spores incolores, hyalines, globuleuses.

Plantes épixyles, ressemblant à quelques clavariés inférieurs, mais qui s'en distinguent aisément par leur disposition *pendante* et non *dressée*.

Espèces principales : *M. calva*, *M. aggregata*, etc.

B. CHROMOSPORI.

Genre 114. — Sarcodon Quel.

Chapeau compacte, *charnu*, fragile, glabre, squameux ou tomenteux. Stipe central, dur, souvent un peu fibreux ; basides claviformes, allongées, à quatre stérigmates ; spores *ocracées-brunes*, *anguleuses* ou aculéolées.

Plantes terrestres.

Espèces principales : *S. amarescens*, *S. imbricatum*, *S. squamosum*, etc.

Genre 115. — Calodon Quel.

Champignons subéreux ou coriaces, ténaces, élastiques ; chapeau entier ou lobé, glabre ou villeux, squameux. Stipe central ; chair colorée, souvent zônée ; aiguillons grêles, aigus, petits, glabres ; basides claviformes allongées, à quatre stérigmates ; cystides peu caractérisées. Spores *anguleuses* arrondies, brunes ou ocracées.

Plantes terrestres.

Espèces principales : *C. nigrum*, *C. velutinum*, *C. zonatum*, *C. scrobiculatum*, etc.

Genre 116. — Odontia (Fr.)

Champignons résupinés, étalés, minces, coriaces ou membraneux, colorés, couverts d'aiguillons aigus, *villeux* et *fimbriés* au sommet. Basides à quatre stérigmates ; cystides allongées, abondantes surtout à l'extrémité des aiguillons. Spores ovoïdes ou globuleuses, *brunes* ou ocracées, muriquées, *anguleuses*. L'hymenium tapisse toute la surface qui s'étend entre les aiguillons.

Plantes épixyles.

Espèces principales : *O. barba-jovis*, *O. limonicolor*, etc.

Chapitre XII.

Famille IV. — THÉLÉPHORÉS.

A. LEUCOSPORI.

Genre 117. — Sparassis Fr.

Champignons charnus, rameux, à rameaux foliacés, aplatis, formés de deux lames d'hymenium accolées dos à dos et réunies par une trame très mince. Basides à quatre stérigmates; cystides nulles, spores pâles, ovoïdes, *lisses*, devenant à la fin légèrement anguleuses.

Plantes terrestres.

Espèces principales: *S. crispa*, *S. laminosa*, etc.

Genre 118. — Thelephora (Ehr.)

Champignons coriaces, subéreux, dressés, plus ou moins stipités, simples ou rameux; hymenium infère, lisse ou ruguleux. Basides à quatre stérigmates; cystides peu marquées. Spores *blanches*, ovoïdes, *lisses*.

Plantes terrestres.

Espèces principales: *T. Sowerbei*, *T. undulata*, etc.

Genre 119. — Cristella Pat.

Champignons coriaces, subéreux, fibreux, rameux, incrustants, difformes ; basides à quatre stérigmates ; spores ovoïdes, subglobuleuses, *blanches* ou pâles, *muriquées*.

Plantes terrestres.

Espèces principales : *Crist. cristata*, etc.

Genre 120. — Stereum (Fr.)

Champignons coriaces ou ligneux, substipités, sessiles, dimidiés ou résupinés. La coupe transversale de l'hyménophore montre une couche externe villeuse, une *zône moyenne compacte* et une couche inférieure qui est l'hymenium ; la couche moyenne est souvent d'une couleur différente des deux autres. Basides cylindriques, très longues à quatre stérigmates ; cystides saillantes à parois minces et incolores ou nulles. Spores ovoïdes, lisses, incolores.

Plantes lignicoles.

Espèces principales : *St. hirsutum*, *St. sanguinolentum*, *St. rugosum*, etc.

Genre 121. — Hymenochaete Lev.

Champignons ligneux, coriaces, sessiles, dimidiés ou résupinés, à tissu constitué comme celui du genre Stereum ; basides et spores comme dans le genre précédent ; cystides très nombreuses, allongées, aiguës, à parois *épaisses* et *colorées* rendant l'hymenium sétuleux.

Plantes lignicoles.

Espèces principales : *H. tabacina*, *H. Mougeotii*, *H. corrugatum*, *H. pruni*, *H. padi*, etc.

Genre 122. — Corticium (Fr.)

Réceptacle résupiné. Hymenium *subcéracé*, humide, mou, se crevassant par le sec, lisse ou tuberculeux, formant une *membrane* placée presque directement sur le mycelium, couche intermédiaire presque nulle. Basides à quatre stérigmates; cystides saillantes, de formes variables, souvent ovoïdes obtuses ou étirées en pointes. Spores *cylindriques* et *courbées* ou *globuleuses, ovoïdes*, incolores.

Plantes lignicoles, parfois décorticantes, souvent stériles.

Le genre Corticium se divise naturellement en deux sections :

a. Spores globuleuses ou ovoïdes.

Espèces principales : *C. nudum*, *C. cæruleum*, *C. calceum*, *C. puberum*, *C. læve*, etc.

b. Spores cylindriques, courbées.

Espèces principales : *C. cinereum*, *C. quercinum*, *C. violaceo-lividum*, etc.

Genre 123. — HYPOCHNUS (Fr.)

Réceptacle résupiné, mince, délicat. Hymenium ténu, *floconneux*, tomenteux ou subpulvérulent. Basides à quatre stérigmates; cystides peu marquées; spores ovoïdes, lisses, incolores.

Plantes lignicoles.

Espèces principales : *H. serus*, *H. sambuci*, *H. anthochrous*, etc.

Genre 124. — SOLENIA Hoff.

Réceptacles tubuleux ou cupuliformes, minces, coriaces, membraneux, agrégés; hymenium formé de basides claviformes à quatre stérigmates; cystides nulles ou peu marquées; spores incolores, lisses, globuleuses, ovoïdes ou cylindracées, droites ou courbées. Un *tapis mycélien*, souvent conidifère, s'étend entre les cupules.

Plantes lignicoles, stipitées ou sessiles.

Espèces principales : *S. anomala*, *S. populicola*, *S. grisella*, *S. endophila*, etc.

Genre 125. — Cyphella Fr.

Réceptacle cupuliforme, submembraneux, sessile ou stipité, souvent inéquilatéral, pendant. Hymenium infère, lisse ou ruguleux ; basides à quatre stérigmates ; cystides nulles ; spores globuleuses, ellipsoïdes ou oblongues, hyalines.

Plantes lignatiles ou muscicoles, éparses ou agrégées, mais jamais reliées entre elles par un tomentum mycélien.

Espèces principales : *C. alboviolacens*, *C. amorpha*, *C. ampla*, *C. digitalis*, *C. capula*, *C. griseopallida*, *C. Gilletii*, *C. goldbachii*, *C. nivea*, *C. muscicola*, *C. galeata*, etc.

Genre 126. — Exobasidium Vor.

Réceptacle croissant dans l'intérieur du tissu des plantes vivantes, principalement dans les feuilles, sur lesquelles il provoque le développement de tubercules globuleux, aplatis ou difformes, succulents et diversement colorés. A la surface de ces tubercules, entre les cellules de l'épiderme, naissent des basides à quatre stérigmates, petites, portant des spores incolores, hyalines, droites ou courbées, quelquefois septées.

Espèces principales : *E. vaccinii*, *E. andromedæ*, *E. rhododendri* Fckl., etc.

B. CHROMOSPORI.

Genre 127. — Phylacteria (Pers.)

Réceptacle subéreux, fibreux-coriace, sans épiderme, simple ou rameux, stipité ou sessile dimidié, rarement incrustant et difforme. Hymenium infère, lisse ou rugueux ; basides à quatre stérigmates ; cystides variables ou nulles ; spores *brunâtres*, *anguleuses* ou échinulées.

Plantes terrestres.

Espèces principales : *Ph. atro-citrina*, *Ph. caryophyllea*, *Ph. intybacea*, *Ph. laciniata*, *Ph. anthocephala*, etc.

Genre 128. — CONIOPHORA (Pers.)

Réceptacle charnu coriace, résupiné, étalé, rugueux ou tuberculeux. Hymenium pulvérulent par les spores ; basides à quatre stérigmates ; cystides nulles ou très saillantes, incolores ; spores *ferrugineuses*, ovoïdes, *lisses*.

Plantes lignicoles.

Espèces principales : *C. putanea*, *C. cerebella*, etc.

Genre 129. — TOMENTELLA (Pers.)

Réceptacle étalé, résupiné, floconneux, ténu, lâche, *tomenteux* ; basides claviformes à quatre stérigmates ; spores ovoïdes ou globuleuses, brunes ou *ocracées ferrugineuses*, aculéolées, cystides variables ou nulles.

Plantes terrestres ou lignicoles.

Espèces principales : *T. ferruginea*, *T. cæsia*, *T. Menieri*, etc.

Genre 130. — PHAEOCARPUS Pat.[1]

Réceptacle charnu coriace, *cupuliforme*, sessile ou substipité ; hymenium lisse ; basides à quatre stérigmates ; spores presque globuleuses, *fauves-brunâtres*, *verruqueuses* ; cystides nulles.

Très voisin de Cyphella, ce genre en diffère par ses spores colorées.

Espèce principale : *Ph. Crouani*.

[1] Nous avions primitivement décrit ce genre sous le nom de *Cymbella*, mais cette dénomination étant déjà appliquée à un groupe d'algues, nous l'avons changée en celle de *Phaeocarpus*.

Chapitre XIII.

Famille V. — CLAVARIÉS.

Genre 131. — Clavariella Krst.

Réceptacle *charnu*, rameux, formé d'un tronc commun divisé en rameaux dressés, atténués au sommet, plus ou moins nombreux, couverts par l'hymenium. Basides claviformes, à quatre stérigmates ; cystides nulles ; spores ovoïdes *ocracées*, lisses ou verruqueuses.

Plantes terrestres ou lignicoles.

Espèces principales : *Cl. aurea, Cl. formosa, Cl. abietina, Cl. byssiseda, Cl. stricta*, etc.

Genre 132. — Pterula Fr.

Réceptacle *cartilagineux*, fibreux, coriace, *filiforme*, très rameux, manquant de stipe distinct. Basides à deux ou quatre stérigmates ; cystides peu caractérisées : spores ovoïdes, lisses, incolores.

Plantes terrestres ou lignicoles.

Espèces principales : *P. subulata, P. multifida*, etc.

Genre 133. — Clavaria (Fr.)

Réceptacle *charnu*, formé d'un tissu homogène de la base au sommet, simple ou rameux, dressé, manquant de stipe distinct; souvent en forme de massue ou de petit buisson; hymenium étendu sur toute la surface de la plante, sauf à la base, qui est ordinairement stérile. Basides à deux ou à quatre stérigmates; cystides nulles; spores *blanches*, ovoïdes, globuleuses ou allongées, lisses ou aspérulées (Pl. 4, fig. 4).

Plantes terrestres ou lignicoles.

On divise ce genre de la manière suivante :

* *Ramaria*. Espèces rameuses; rameaux atténués à l'extrémité.

Espèces principales : *Cl. flava, Cl. botrytes, Cl. cinerea, Cl. cristata,* etc.

** *Syncoryne*. Espèces simples, claviformes, fasciculées.

Espèces principales : *Cl. fusiformis, Cl. argillacea,* etc.

*** *Holocoryne*. Espèces simples, non fasciculées.

Espèces principales : *Cl. pistillaris, Cl. juncea, Cl. falcata*, etc.

Genre 134. — TYPHULA Pers.

Réceptacle claviforme ou linéaire, *céracé*, porté sur un stipe *allongé*, grêle, distinct, *fibreux*; hymenium couvrant toute la surface de la clavule; basides à deux ou quatre stérigmates; cystides nulles ou peu marquées; spores incolores, ovoïdes.

Petites plantes croissant sur les brindilles et les feuilles pourrissantes. Elles sont souvent pourvues d'un sclérote.

Espèces principales : *T. gyrans, T. stolonifera, T. erythropus, T. variabilis,* etc.

Genre 135. — PISTILLARIA (Fr.)

Réceptacle céracé puis dur, claviforme ou linéaire, simple ou rameux, *fertile sur toute son étendue*, sessile ou porté sur un stipe *court* formé d'hyphes accolées rigides, pénétrant dans la clavule sans modifications. Basides mono-, bi- ou tétraspores. Cystides nulles ou étirées en pointe. Spores ovoïdes, lisses ou cordiformes anguleuses, incolores. La présence d'un sclérote est plus rare que dans le genre précédent. Dans *P. gracilis* les basides ont des stérigmates très allongées qui donnent à la plante un aspect villeux.

Champignons très petits, fréquents sur les feuilles pourrissantes au printemps et à l'automne.

Espèces principales : *P. micans*, *P. inæqualis*, *P. rosella*, *P. culmigena*, *P. cardiospora*. *P. fulgida*. etc.

Genre 136. — Ceratella (Quel.)

Réceptacle ténu, filiforme, aigu, formé de filaments entrecroisés allant de la base au sommet de la plante ; hymenium n'entourant que la partie moyenne du végétal, laissant une *pointe stérile* au sommet et un court stipe à la base ; quelquefois le sommet seul est stérile et les basides s'étendent jusqu'à la partie inférieure. Basides et spores comme dans le genre précédent.

Espèces petites, croissant sur les feuilles mortes.

Espèces principales : *C. Queletii*, *C. acuminata*, *C. aculina*, etc.

Genre 137. — Pistillina Quel.

Réceptacle hémisphérique ou lenticulaire, fertile seulement sur la partie convexe ; stipe filiforme, grêle ; basides à quatre stérigmates allongés ; spores ovoïdes, lisses ; cystides nulles.

Plantes très petites croissant sur les feuilles pourrissantes.

Espèces principales : *P. hyalina*, *P. brunneola*, etc.

Chapitre XIV.

Sous-classe II. — HÉTÉROBASIDIÉS.

a. *Basides cylindriques dans le jeune âge.*

Genre 138. — Helicobasidium Pat.

Réceptacle fibreux, *résupiné*, incrustant ; hyménium céracé, mou ; basides d'abord cylindriques, puis *courbées* en crosses et portant deux ou quatre stérigmates sur la partie convexe ; on observe des cloisons transversales dans le corps de la baside et quelquefois dans les stérigmates ; spores ovoïdes, un peu courbées, incolores. Au début la plante est conidifère (Pl. 4, fig. 6).

Plantes terrestres ou incrustant les touffes de gazons et les brindilles.

Espèces principales : *H. purpureum*, etc.

Genre 139. — Calocera Fr.

Réceptacle *dressé*, simple ou rameux, à rameaux aigus, gélatineux cartilagineux, ténace ; hyménium amphigène ; basides d'abord cylindriques, puis *fourchues*, à deux stérigmates ; spores oblongues, arquées, incolores (Pl. 4, fig. 10).

Plantes corticoles, à forme de clavaires.

Espèces principales : *C. cornea*, *C. viscosa*, etc.

Genre 140. — DACRYMYCES Nees.

Réceptacle gélatineux, *cupuliforme*, sessile ou stipité, à hymenium dans la partie concave de la cupule. Basides d'abord cylindriques puis fourchues, avec ou sans cloisons transversales, à deux stérigmates continus ou septés ; spores cylindracées, courbées, *cloisonnées*, donnant naissance en germant au mycelium lui-même ou à un court filament portant une spore secondaire (Pl. 4, fig. 8).

La forme conidifère des dacrynyces a l'aspect d'un tubercule gélatineux difforme, contenant des chapelets de conidies.

Espèces principales : *D. deliquescens*, *D. peziza*, etc.

Genre 141. — GUEPINIOPSIS Pat.

Réceptacle gelatineux-ténace, *cupuliforme* ou spatulé, stipité, à hymenium dans la cupule et à basides de Calocera et Dacrymyces ; spores ovoïdes, incolores, un peu courbées, *non septées*.

Plantes lignicoles.

Espèce principale : *G. merulinus*, etc.

Genre 142. — AURICULARIA Bull.

Réceptacle gélatineux, coriace, se gonflant par l'humidité, sessile, dimidié ou pendant ; hymenium infère, formé de basides *cylindriques* (Pl. 4, fig. 14), à deux ou trois *cloisons transversales* ; chaque cellule de la baside porte un stérigmate allongé qui se termine par une spore incolore, courbée, à contenu granuleux et germant en donnant naissance à un *promycelium* et à une spore secondaire.

Plantes lignicoles.

Espèces principales : *Aur. mesenterica*, *Aur. sambucina*, etc.

b. *Basides globuleuses dans le jeune âge.*

Genre 143. — SEBACINA Tul.

Réceptacle fibreux, *coriace*, résupiné, étalé, incrustant ou pulvérulent. Basides d'abord globuleuses, puis se coupant par des cloisons verticales de manière à former *deux* ou *quatre* segments qui portent chacun un stérigmate allongé. Spores ovoïdes ou cylindracées, courbées, à germination semblable à celle du genre précédent (Pl. 4, fig. 13).

Plantes terrestres ou lignatiles.

Espèces principales : *S. incrustans*, *S. Letendreana*, etc.

Genre 144. — GUEPINIA (Fr.)

Réceptacle gélatineux ferme, dressé, en forme d'oreille ou de spatule, substipité. Hymenium *infère*, lisse ou vaguement veiné, plissé. Basides d'abord globuleuses, puis coupées en deux segments par une cloison verticale; stérigmates allongés; spores ovoïdes, courbées, hyalines (Pl. 4, fig. 16).

Plantes terrestres.

Espèce principale : *G. rufa*.

Genre 145. — TREMELLA Dill.

Réceptacle gélatineux, difforme ou foliacé, tremblottant, *immarginé*. Basides d'abord globuleuses, puis divisées en deux ou quatre segments portant chacun un stérigmate très allongé; spores courbées à germination semblable à celle du genre Auricularia (Pl. 4, fig. 15).

Plantes lignicoles.

Espèces principales: *Tr. mesenterica*, *Tr. Grilletii*, etc.

Genre 146. — OMBROPHILA Quel.

Réceptacle gélatineux, plus ferme à l'extérieur, marginé, globuleux et tronqué. Hymenium discoïde. Basides *analogues à celles de Tremella*, à stérigmates très allongés ; spores ovoïdes, incolores.

La plante se présente souvent à l'état conidifère seul ; son hymenium est alors formé d'arbuscules rameux portant des bouquets de quatre à dix conidies *verticillées*, cylindracées et *courbées* (pl. 4, fig. 9), qui ont pu être prises pour les véritables spores par quelques auteurs.

Plantes lignicoles.

Espèces principales : *O. rubella*, *O. lilacina*, etc.

Genre 147. — EXIDIA Fr.

Réceptacle gélatineux, tremblottant, diaphane, *marginé*, à disque *papillé*. *Basides de Tremella*, placées profondément dans la gélatine et recouvertes d'une couche de paraphyses linéaires, accolées ; cette couche est traversée par les stérigmates, qui la dépassent et portent une spore courbée, réniforme.

Plantes lignicoles.

Espèces principales : *E. truncata*, *E. recisa*, *E. glandulosa*, etc.

Genre 148. — TREMELLODON Pers.

Réceptacle gélatineux, translucide, sessile et dimidié ; hymenium couvrant la face intérieure qui est chargée d'*aiguillons* aigus, analogues à ceux des *Hydnés*. Basides de *Tremella ;* spores globuleuses (Pl. 4, fig. 12).

Plantes lignicoles.

Espèce principale : *Tr. gelatinosum*.

TABLE DES MATIÈRES.

Première Partie. — ANATOMIE GÉNÉRALE.

DEUXIÈME PARTIE. — CLASSIFICATION.

TABLE ALPHABÉTIQUE DES GENRES.

PLANCHES.

PLANCHE I. — 1. Tissu de la volva de *Amanita vaginata.* — 2. Tissu de la volva de *Amanita muscaria.* — 3. Cellules du stipe de Amanita vaginata, dont le protoplasma renferme des noyaux. — 4. Spores de *Amanita ampla.* — 5. Spores de *Amanita strangulata.* — 6. Spores de *Amanita junquillea.* — 7. Sommet du stipe de *Lepiota seminuda*, montrant les cellules globuleuses qui le rendent pruineux. — 8. Pruinosité du chapeau du même. — 9. Spores de *Lepiota procera.* — 10. Spores de *Lepiota cristata.* — 11. Constitution des squames du chapeau de *Armillariella mellea.* — 12. Baside et spores de *Mucidula mucida.* — 13. Cellules formant des touffes floconneuses à la marge des lames de *Tricholoma rutilans.* — 14. Spore de *Tricholoma sejunctum.* — 15. Spore de *Melaleuca vulgaris.* — 16. Spore de *Lepista inversa.* — 17. Tissu du stipe de *Russula aurata.* — 18. Cristaux d'oxalate de chaux du tissu de *Russula obrussea.* — 19. Spores de *Laccaria proxima.* — 20. Marge des lames de *Russula punctata.* — 21. Cystides de *Russula lepida*; l'une d'elles est surmontée d'une masse d'oxalate de chaux. — 22. Spore de *Russula alutacea.* — 23. Poils de la surface du chapeau de *Russula rubra.* — 24. Hymenium de *Russula cyanoxantha.* — 25. Arète des lames de *Mycena pelianthina.* — 26. Cellule du stipe d'un *Mycena*, montrant des épaississements externes en forme de ponctuations. — 27. Spore de *Mycena pura.* — 28. Laticifères de *Lactarius deliciosus.* — 29. Spores de *Lactarius piperatus.* — 30. Cystide de *Lactarius volemus.* — 31. Tissu du chapeau de *Mycena flavo-alba*, montrant des laticifères et des cellules à noyaux. — 32. Spore de *Mycena rubella* en germination.

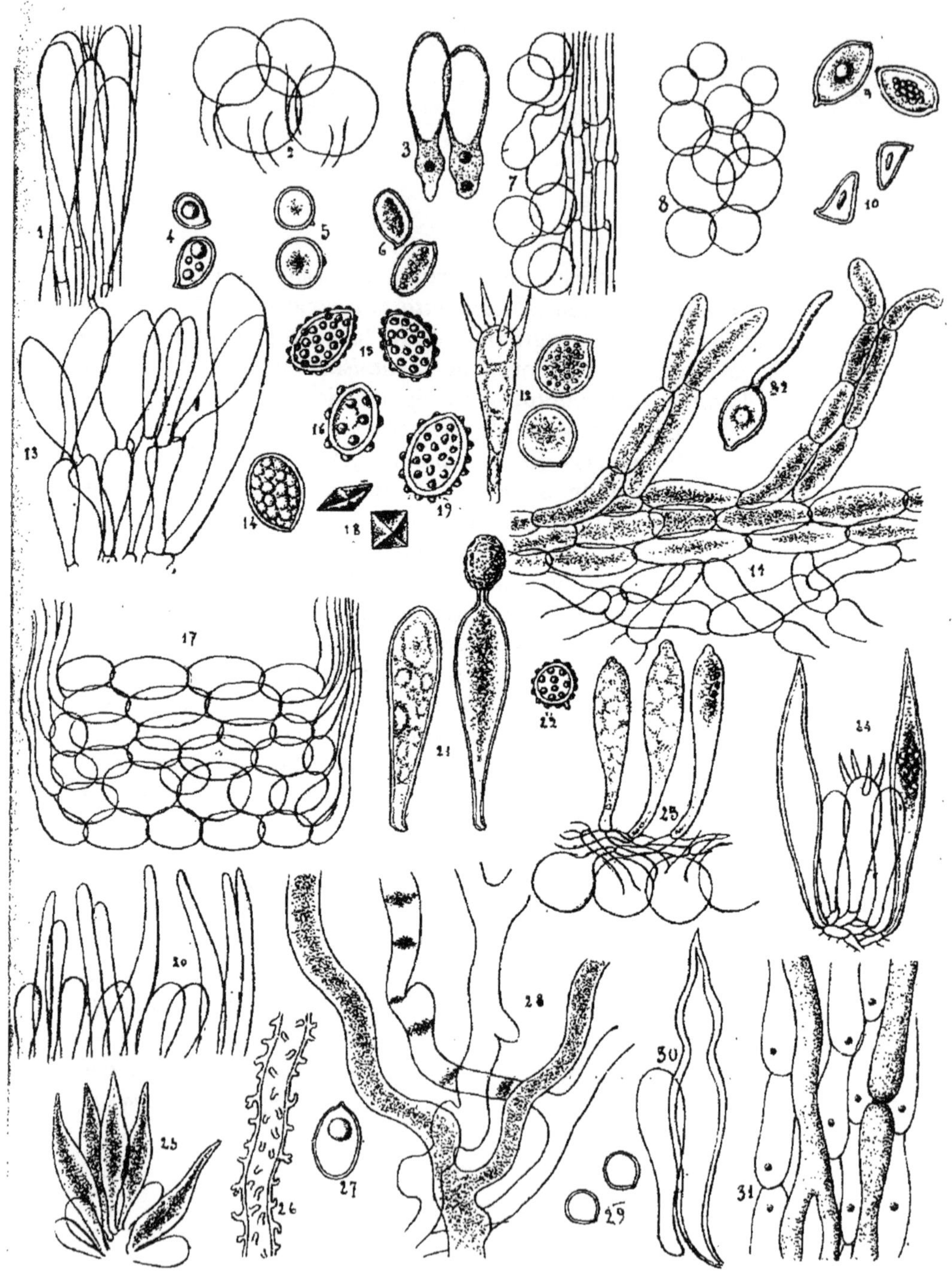

Planche I.

PLANCHE II. — 1. Poils du chapeau de *Pleurotus ostreatus* portant des conidies. — 2. Cystide de *Pleurotus ostreatus*. — 3. Hymenium de *Geopetalum geogenium*. — 4. Spores de *Armillariella corticata*. — 5. Spores de *Pleurotus craterellus*. — 6. Spores de *Calathinus applicatus*. — 7. Spores de *Pleurotus serotinus*. — 8. Appareil conidifère de *Pleurotus craterellus*. — 9. Cellules à sommet rugueux, du chapeau du genre *Androsaceus*. — 10. Poils du stipe de *Androsaceus Hudsoni*. — 11. Spores et cystide de *Androsaceus olcæ*. — 12. Un poil cystidiforme du chapeau du même. — 13. Cystides de *Collybia conigena* chargées d'oxalate de chaux. — 14. Cystide de *Collybia longipes*. — 15. Poils du chapeau de même. — 16. Cystide d'*omphalia fibula*. — 17. Sommet du stipe du même, couvert de poils cystidiformes. — 18. Spore de *Volvaria speciosa*. — 19. Cystides de *Pluteus cervinus*. — 20. Spores de *Pluteus chrysophæus*. — 21. Cystides du même. — 22. Cystide de *Pluteus leoninus*. — 23. Spores de *Clitopilus orcella*. — 24. Spores de *Leptonia serrulata*. — 25. Spores de *Claudopus depluens*. — 26. Spores de *Dochmiopus variabilis*. — 27. Spores de *Dochmiopus sphærosporus*. — 28. Spores de *Rozites caperata*. — 29. Cystide de *Pholiota præcox*. — 30. Cystides de *Galera tener*. — 31. Cystides de *Galera hypnorum*. — 32. Hymenium de *Inocybe rimosa*. — 33. Marge des lames de *Inocybe geophila*. — 34. Spore du même. — 35. Spore de *Inocybe asterospora*. — 36. Marge des lames de *Inocybe maculata* — 37. Spore de *Cortinarius violaceus*. — 38. Hymenium et spore de *Paxillus Tammii*. — 39. Cystide de *Stropharia coronilla*. — 40. Spore de *Lacrymaria lacrymabundum*. — 41. Cystide de *Psathyra spadiceo-grisea*. — 42. Hymenium et spore de *Gomphidius viscidus*. — 43. Surface du chapeau de *Psathyrella atomata*. — 44. Spores de *Panæolus sphinctrinus*.

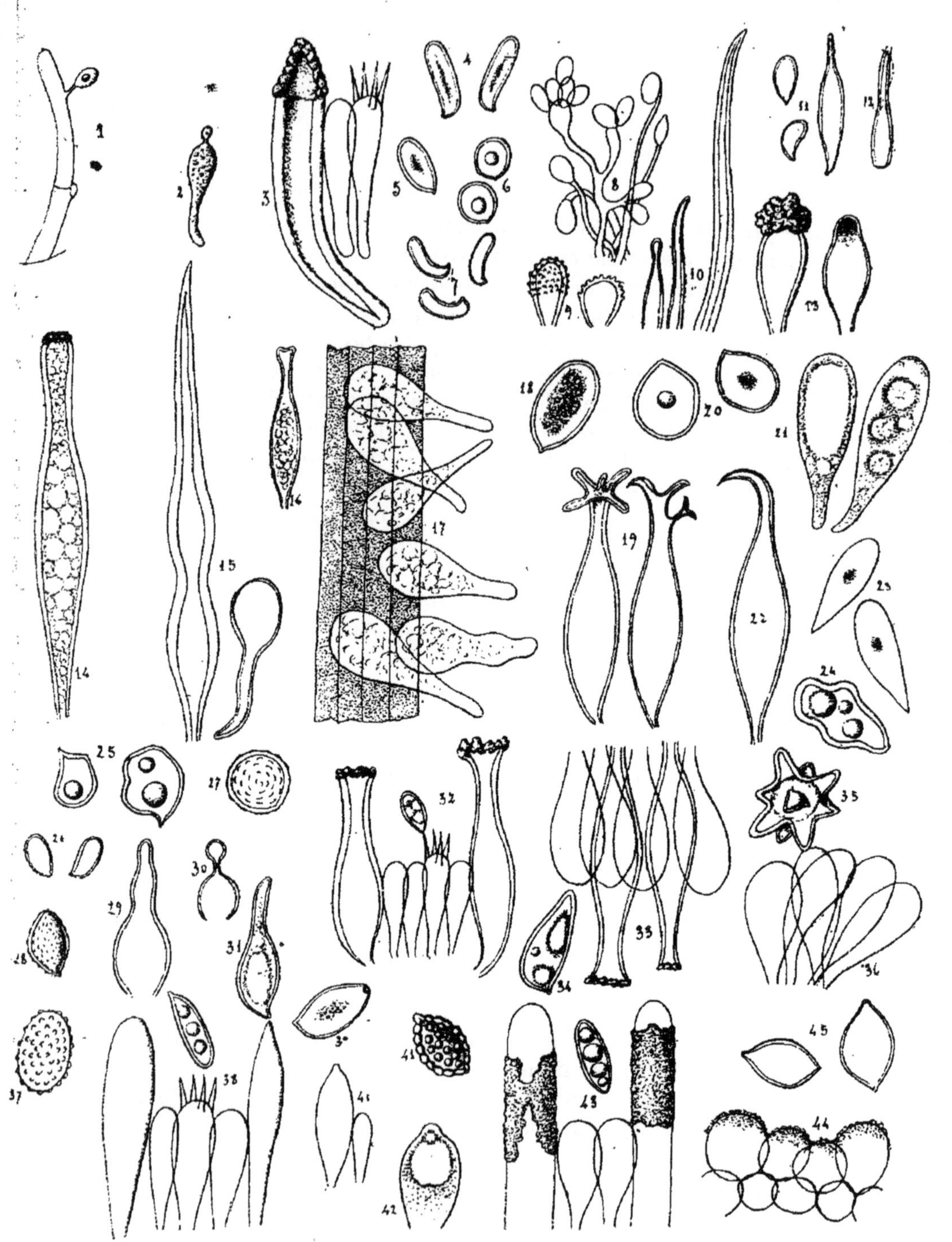

Planche II.

PLANCHE III. — 1. Deux spores de *Coprinus ovatus*. — 2. Trois spores de *Coprinus micaceus*. — 3. Deux spores de *Coprinus hemerobius*. — 4. Deux spores de *Psathyra gyroflexa*. — 5. Trois spores de *Galera tener*. — 6. Quatre spores de *Coprinus semi striatus*. — 7. Baside de *Cantharellus cupulatus*. — 8. Hymenium de *Cantharellus cibarius*. — 9. Hymenium et spores de *Geopetalum carbonarium*. — 10. Baside de *Craterellus crispus*. — 11. Baside de *Craterellus cornucopioïdes*. — 12. Spores de *Gyroporus castaneus*. — 13. Spores de *Boletus flavus*. — 14. Baside de *Boletus scaber*. — 15. Spore de *Gyroporus cyanescens*. — 16. Spores de *Strobylomyces strobilaceus*. — 17. Appareil conidifère de *Ptychogaster aurantiacus*. — 18. Spores de *Dryodon lacteum*. — 19. Baside de *Sistotrema confluens*. — 20. Spores de *Melanopus squamosus*. — 21. Spores de *Ganoderma lucidum*. — 22. Appareil conidifère de *Coriolus versicolor*. — 23. Eléments hyméniens stériles et terminés par une masse d'oxalate de chaux de l'*Irpex fusco-violaceus*. — 24. Appareil conidifère de *Trametes rubescens*. — 25. Appareil conidifère de *Fistulina hepatica*. — 26. Laticifère de *Fistulina hepatica*. — 27. Spores de *Cyphella villosa*. — 28. Spores de *Phæocarpus Crouani*. — 29. Spores de *Cyphella griseopallida*. — 30. Spores de *Solenia Malbranchei*. — 31. Hymenium de *Cyphella ampla*. — 32. Spores de *Cyphella digitalis*. — 33. Germination d'une spore de *Cyphella albo-violascens*. — 34. Spores de *Thelephora Sowerbeji*. — 35. Spore de *Phylacteria atro-citrina*.

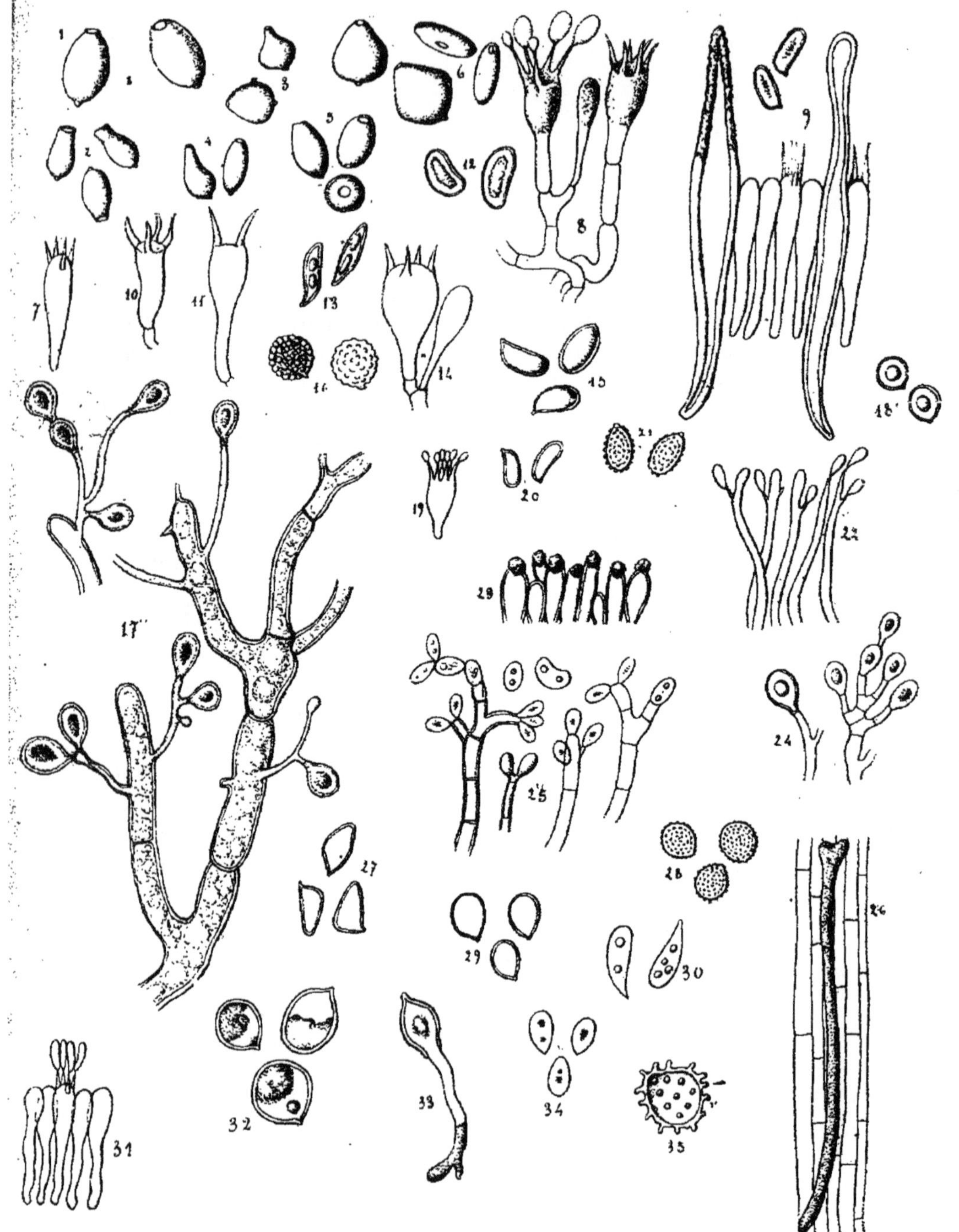

Planche III.

PLANCHE IV. — 1. Appareil conidifère de *Cyphella amorpha*. — 2. Constitution d'un *Hypochnus*. — 3. Appareil conidifère de *Pistillaria rosella*. — 4. Spores de *Clavaria asterospora*. — 5. Appareil conidifère et germination des conidies de *Pistillaria bulbosa*. — 6. Appareil conidifère, conidies et basides de *Helicobasidium Barlae*. — 7. Hymenium de *Pterula multifida*. — 8. Basides et spore de *Dacrymyces deliquescens*. — 9. Appareil conidifère de *Ombrophila rubella*. — 10. Basides et appareil conidifère de *Calocera cornea*. — 11. Basides de *Guepiniopsis merulinus*. — 12. Basides et spores de *Tremellodon gelatinosum*. — 13. Baside et spore en germination de *Sebacina incrustans*. — 14. Basides de *Auricularia mesenterica*. — 15. Baside de *Tremella viscosa*. — 16. Baside de *Guepinia rufa*. — 17. Spores de *Pistillaria cardiospora*.

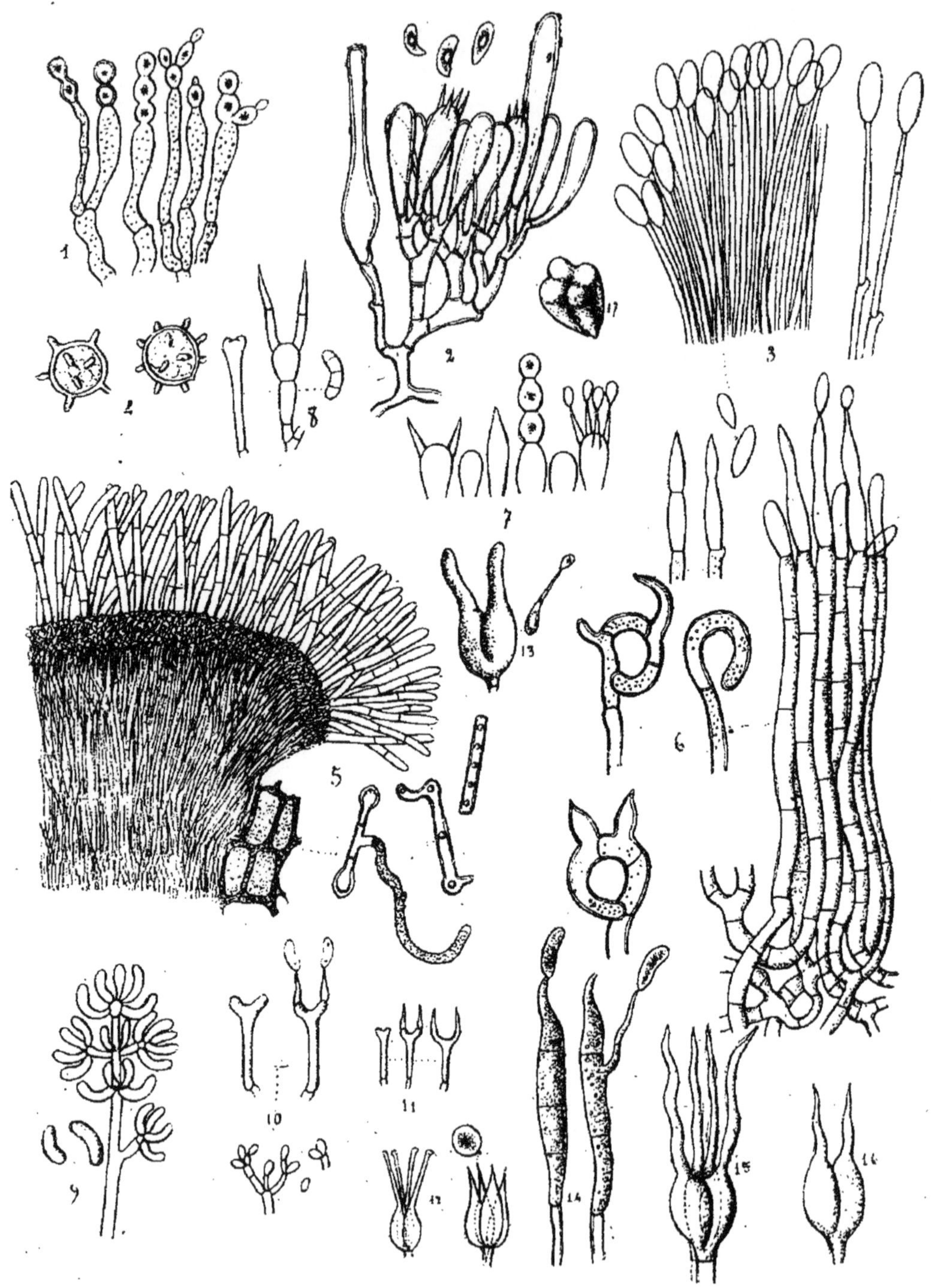

Planche IV.

Strasbourg, imprimerie de J. H. Ed. Heitz (Heitz & Mündel).

www.ingramcontent.com/pod-product-compliance
Ingram Content Group UK Ltd.
Pitfield, Milton Keynes, MK11 3LW, UK
UKHW022055190726
13855UKWH00002B/512